新世纪高职高专系列"十二五"规划教材

计算机应用基础
案例教程

（供高职各专业学生使用）

主　审　罗华明
主　编　刘玉平
副主编　代兴梅　刘　学
参　编　陈克中　童　鑫　李方方　刘珍怡
　　　　邹　蕾　柯玉立　邓赵辉　张浩方
　　　　朱贤坤　徐玲玲　陈兴宇　胡殿卿
　　　　李　鹏　余建业

东南大学出版社
·南　京·

图书在版编目(CIP)数据

计算机应用基础案例教程／刘玉平主编. —南京：
东南大学出版社,2011.9(2014.9 重印)
新世纪高职高专系列"十二五"规划教材
ISBN 978－7－5641－2924－8

Ⅰ.①计… Ⅱ.①刘… Ⅲ.①电子计算机-高等职业
教育-教材 Ⅳ.①TP3

中国版本图书馆 CIP 数据核字(2011)第 162867 号

计算机应用基础案例教程

出版发行	东南大学出版社
出 版 人	江建中
社 址	南京市四牌楼 2 号
邮 编	210096
经 销	全国各地新华书店
印 刷	南京京新印刷厂
开 本	700 mm×1000 mm 1/16
印 张	13.5
字 数	264 千字
版 次	2011 年 9 月第 1 版
印 次	2014 年 9 月第 3 次印刷
书 号	ISBN 978－7－5641－2924－8
印 数	7001—10500 册
定 价	28.00 元

(凡因印装质量问题,请与我社读者服务部联系。电话:025－83792328)

前　言

本书作为高职院校大学计算机基础课程的教材,遵循"实用为主,够用为度"的教学理念,凸显校企共建特色,充分体现理论与实践有机结合,重点培养学生的动手操作能力,是融"教学做"为一体的模块化、案例式教材,并参照《全国计算机等级考试一级考试大纲》编写。主要内容包括计算机基础知识、网络应用以及 Windows XP 操作系统、Word 2007,Excel 2007 与 PowerPoint 2007 的应用。本书在编写过程中力求内容精炼、案例典型,密切联系实际工作任务,具有实用性和代表性,适用于高职院校各专业的学生,也可作为全国计算机等级考试一级的参考教材,同时还可作为办公自动化培训教材和计算机爱好者的自学参考书。

本书的特点是充分体现"以就业为导向,以学生为本"的原则,选取与学习、工作和生活相关的案例,案例的讲解从简单到复杂,符合学生的认知特点,适应当前职业教育改革方向和人才培养模式的变化。

本教材在编写前进行了大量的行业企业相关调查,参编人员有多名来自一线的专家和其他高校计算机教育专家及全院多年从事计算机基础教学、经验丰富的教师,相信该书在使用过程中,会给广大教师和学生耳目一新的感觉。我们也会在教学过程中不断完善本教材,争取将本教材建设成省内同领域优秀教材。

本教材栏目设置如下:

案例介绍:创建一种学习的情景和气氛,特别是在讲解办公自动化套件时,将教师事先制作好的成品或者往届学生的优秀作品进行展示,以激发学生学习的兴趣和积极性。

案例分析:将案例进行简单分析,对涉及的知识点进行说明,同时让学生明白解决问题的步骤和基本路径。

操作步骤:详细讲解案例的制作过程,一个复杂案例由若干个任务组成,每个任务由若干小步骤组成。

学习提示:穿插在步骤讲解的过程中,或为操作提示,或为知识点补充。

拓展练习:与前面案例相关的一些拓展练习,可以拓展学生的思维,进行知识的迁移,同时锻炼学生的创新能力和动手操作能力。

全书由罗华明院长主审,刘玉平教授主编,模块一由柯玉立、邓赵辉老师编写,模块二由朱贤坤、张浩方老师编写,模块三由李芳芳、邹蕾、徐玲玲老师编写,模块四由童鑫、刘珍怡、刘玉平老师编写,模块五由代兴梅、陈克中、余建业老师编写,由代兴梅老师负责统稿。神州数码有限公司武汉分公司李鹏、湖北楚天视讯网络有限公司随州分公司余建业等同志配合部分老师深入企业开发基于工作工程的教学案例,在此一并表示感谢。由于编者水平有限和时间紧张,疏漏之处在所难免,恳请广大师生和读者批评指正。

编者

2011 年 3 月

目　录

模块一 认识计算机

随着微电子、通信以及数字化音像技术的飞速发展,作为现代化信息处理工具的计算机已经逐步渗透至社会生活的各个领域,并以迅猛的速度进入普通家庭。与此同时,不断变化的需求使得计算机对信息的自动处理与分析能力逐渐增强,并广泛应用于科学计算、工程设计、经营管理、过程控制以及人工智能等领域,成为这些领域提高工作效率的重要因素。重要的是,即使在普通人的生活、学习、娱乐和工作中,计算机也已经成为必不可少的重要工具和好帮手,这使得学好、用好计算机逐渐成为当今社会对每个人的需求。

本模块将对计算机的发展状况及其结构和工作原理进行讲解。另外,还将简单介绍计算机相关行业标准、常用单位与术语,使读者在短时间内对计算机基础知识有概念上的认识,为更好地学习和使用计算机打下坚实的基础。

模块目标

【能力目标】

通过本模块的学习,认识到计算机是由计算机硬件和软件组成,知道计算机各个部分的名称及主要用途,了解计算机日常使用维护和保养的常识,培养学习计算机的兴趣。

【知识目标】

(1)能正确认识计算机的各组成部件的功能特点,掌握计算机的工作原理;

(2)能正确认识计算机中各软件的功能特点,熟练使用操作系统(如:Windows XP);

(3)能够根据实际需要正确配置一台计算机。

案例目录

案例一　认识个人机的硬件与软件构成

【案例介绍】

微型计算机(简称"微机")作为计算机家族的杰出代表,以它小巧、灵活、方便、便宜的特点受到人们的青睐,已成为大众化的信息处理工具。一个完整的微机系统是由哪些硬件系统和软件系统组成? 微机主机箱中的硬件由哪些部件组装而成? 每台微机应该安装哪些常用的软件才能充分发挥其功能? 如何查看微机的主要参数和性能指标? 本案例将对这些问题进行分析和讨论。

【案例分析】

一个完整的微机系统是由硬件系统和软件系统组成,两者缺一不可。硬件是软件建立和依托的基础,软件依赖硬件来执行,单靠软件本身,没有硬件设备的支持,软件就失去了其发挥作用的舞台。反过来,软件是计算机的灵魂,没有任何软件支持的计算机被称为"裸机",裸机无法实现任何信息处理功能。只有软件和硬件相结合才能充分发挥计算机系统的功能。

微机的硬件系统是组成计算机系统的各种物理设备的总称。认识微机主机箱的内部结构,首先在老师的指导下,打开一台具有标准配置的微机。根据教程中微机硬件组成的讲解,查看实验室中微机的硬件配置,熟悉微机主机箱内部结构,认识每个部件的布局及功能。查看微机的主要参数、性能指标及基本配置,可以在Windows 操作系统中选择"控制面板"窗口中的"系统"进行查看;或在"系统属性"对话框中查看微机上的硬件配置和软件配置。

【操作步骤】

任务一:熟悉微机的硬件配置

微机硬件的基本配置是主机箱、显示器、键盘、鼠标、写字板等,如图 1.1 所示。另外,经常使用的还有打印机、数码摄像机、扫描仪等设备。

微机从结构可以分为主机和外部设备两大部分。微机主要功能集中在主机上,主机箱的外观虽然千差万别,但每台主机箱前面都由电源开关、电源指示灯、硬盘指示灯、复位键、光盘驱动器以及软盘驱动器等组成。主机箱里有中央处理器(简称 CPU)、主存储器、外存储器(硬盘存储器、软盘存储器、光盘存储器)、网络设

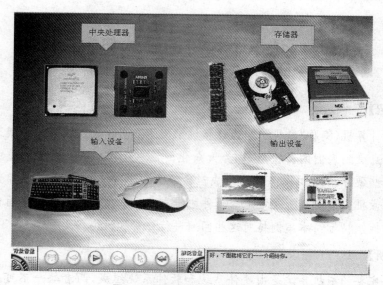

图 1.1　微机硬件系统配置示意图

备、接口部件、声卡、视频卡等配置。

任务二:认识主机箱的内部结构和主要部件

在老师的指导或演示下打开计算机。在任务实现过程中,注意微机在打开时需要有严格的防护措施,最常见的就是防止人体的静电可能对计算机的芯片造成影响。所以需要戴上防静电手套,进行计算机硬件的安装和拆卸。

拆开微机机箱后,可以看到的硬件部件有:

(1) 主板

主板是微机最重要的部件之一,是整个微机工作的基础。主板是微机中最大的一块高度集成的电路板,如图 1.2 所示。主板上有 CPU、BIOS 芯片、内存条、控制芯片组、机箱(电源)接口、硬盘接口、光驱接口、软驱接口、AGP 显卡接口、USB接口、并行接口、串行接口、PCI 局部接口、总线等。若显卡、声卡、网卡不是集成在主板上的,则主板的插槽上还插有声卡、网卡等部件。

主板连接着主机箱内的其他硬件,是其他硬件的载体。主板上包括计算机提供的所有外部设备的接口和其他部件的接口。各个厂商的主板接口的布局可能是不一致的,但都包括图 1.2 所示的内容。另外主板产品能否升级也是一个值得注意的问题,一是要看主板上的插槽是否完善,能否有足够的 USB 接口、PCI 插槽、各种 PS/2、串并行插槽;二是看可否通过程序刷新技术对 BIOS 芯片进行升级。

图 1.2　主板

（2）CPU

在微机中，运算器和控制器被制作在同一个半导体芯片上，称为中央处理器（Central Processing Unit，简称 CPU），又称微处理器，如图 1.3 所示。CPU 是计算机硬件系统中的核心部件，可以完成计算机的各种算术运算、逻辑运算和指令控制。

衡量 CPU 有两项主要技术指标，一是 CPU 的字长，二是 CPU 的速度和主频。字长是指 CPU 在一次操作中能处理的最大数据单位，它体现了一条指令所能处理数据的能力，目前 CPU 的字长已达到 64 位。速度和主频是指 CPU 执行指令的速度与时钟频率，系统的时钟频率越高，整个机器的工作速度就越快，CPU 的主频越高，机器的运算速度就越快。目前 Pentium Ⅳ 的主频已达到 2～5GHz 以上。

图 1.3　CPU

由于 CPU 在微机中起到关键作用，人们往往将 CPU 的型号作为衡量和购买机器的标准,如 PentiumⅢ、PentiumⅣ 等微处理器就作为机器的代名词。目前生产 CPU 的公司主要有 Intel 和 AMD。

CPU 的插槽根据 CPU 厂商提供的接口型号的不同而不同。在 CPU 上一般有一个风扇,主要用于 CPU 散热。

(3) 内存

存储器分为内部存储器(简称内存)和外部存储器,内存是微机的重要部件之一,它是存储程序和数据的装置,一般是由记忆元件和电子线路构成。微机内存一般是采用半导体存储器。内存是由随机存储器(RAM)、只读存储器(ROM)、高速缓冲存储器(Cache)三部分组成。

随机存储器(RAM)的特点是 CPU 可以随时读出和写入数据,关机后 RAM 中的信息将自动消失,且不可恢复。

只读存储器(ROM)的特点是 CPU 只能读出不能写入数据,断电后 ROM 的信息不会消失。因此,ROM 一般是用于存放计算机的系统管理程序。在主板上有一部件是 BIOS(Basic Input Output System,基本的输入/输出系统)芯片,它保存了计算机系统中重要的输入输出程序、系统信息设置、开机上电自检程序和系统自举程序,以及 CPU 参数调整、即插即用(PnP)、系统监控、电源管理等功能程序,BIOS 芯片的功能越来越多,有许多类型的主板还可以不定期地对 BIOS 进行升级。BIOS 芯片也是 CIH 之类病毒攻击的对象。

高速缓冲存储器(Cache)是介于 CPU 与内存之间的一种高速存取信息的存储器,用于解决 CPU 与内存之间的速度匹配问题。它的速度高于 DRAM 而又低于CPU,CPU 在读写程序和数据时先访问 Cache,若 Cache 中无程序和数据再访问RAM,从而提高了 CPU 的工作效率。

目前微机广泛采用同步动态随机存储器(SDRAM)作为主存,它的成本低、功耗低、集成度高、采用的电容器刷新周期与系统时钟保持同步,使 RAM 和 CPU 以相同的速度同步工作,提高了数据的存取时间。当前内存插槽上的主流内存条如图 1.4 所示。

微机的内存条一般是由动态随机存储器 DRAM 或者 SDRAM 制成,一个内存条的容量分别有 256MB、512MB、1GB、2GB 等不同的规格。

图 1.4　DDR3 内存条

（4）外存

外存是指硬盘、光盘、U盘、移动硬盘等外部存储器（如图1.5所示）。主板上的硬盘接口、光驱接口和USB接口都与相应的外存设备相连，外存的特点是用于保存暂时不用的程序和数据。另外，外存的容量大，可以长期保存和备份程序与数据，同时不怕停电，便于移动。

各种外存都具有不同的特点：USB设备携带方便，价格便宜，使用方便；硬盘容量大，可以分为固定式硬盘和移动式硬盘，一般使用的是固定式硬盘，硬盘的容量可以达到几十GB，硬盘读取速度比软盘快，主要用于存放应用程序、系统程序和数据文件。硬盘上重要的用户数据要经常作备份，防止硬盘一旦出现故障，对硬盘进行格式化处理造成重大损失；光盘存储容量大，可靠性高，读取速度快，价格低，携带方便。

> 💡学习提示：硬盘虽然能存储很多文件，但携带不是很方便，因此我们一般使用U盘、移动硬盘、读卡器等移动存储设备。

图1.5 硬盘和光驱

（5）总线

总线是微机中的传输信息的公共通道。在机器内部，各部件都是通过总线传递数据和控制信号。总线一般采用如图1.6所示的线缆。

图1.6 总线线缆

总线可以分为内部总线和系统总线，内部总线又叫片总线，是同一部件（如

CPU 的控制器、运算器和各寄存器之间)内部的连接总线;系统总线是同一台计算机的各部件(如 CPU、内存、I/O 接口)之间相互连接的总线。系统总线分为数据总线、地址总线和控制总线。其中,数据总线用于传输 CPU、内存、I/O 接口之间的数据;地址总线用于传递 CPU 与存储单元或 I/O 接口之间的地址;控制总线用于传递多种控制信号。

微机采用开放体系结构,在系统主板上有多个扩展槽,这些扩展槽与主板上的总线相连,任何部件如声卡、显卡等都可以通过总线与 CPU 相连,为微机各部件的组合提供了方便。

任务三:微机上需要安装哪些常用的软件,才能充分发挥其功能

当购置了微机后准备使用微机时,首先应安装软件,才能使用。微机应配置哪些软件,才能更好地发挥计算机的作用呢?

软件是指在计算机上运行的各种程序,包括各种有关的资料。计算机软件分为两大类:一类是系统软件,另一类是应用软件。系统软件是控制计算机运行,管理计算机各种资源,并为应用软件提供支持和服务的软件。应用软件是为解决各类实际问题而开发的程序系统,一般要在系统软件支持下运行。

(1) 首先必须安装操作系统,计算机才能使用

常用的操作系统有:Windows、Unix、Linux 等,一般在微机上可以安装 Windows XP、Windows Vista、Windows 7 或更高版本的操作系统。

(2) 安装实用程序

实用程序可以完成一些与计算机系统资源及文件有关的任务。如安装杀毒软件、压缩解压软件、下载工具、音频处理软件、视频处理软件等。

(3) 语言处理程序

语言处理程序是程序设计的重要工具,它可以使计算机按一定的格式编写程序,实现特定的功能。面向过程的语言有:C 语言、Pascal 语言;面向对象的语言有:Visual Basic 语言、C++语言、Java 语言等。

(4) 数据库管理系统

数据库管理系统是解决数据处理问题的软件,如人事档案管理系统、财务管理系统、学绩管理系统、图书管理系统等。其中常用的软件有:Access 、Visual FoxPro、SQL Server、Oracle 等。

(5) 办公软件

办公软件包括字处理软件、电子表格软件、演示文稿软件、网页制作软件等。

常用的办公软件有：Microsoft Office 2003、Microsoft Office 2007 等。

（6）工程图形图像制作软件

用于建筑设计、机械设计、电路设计、图形图像制作的工程图形图像制作软件有：AutoCAD、CorelDraw、3DS Max、Protel、Freehand 等。

（7）多媒体制作软件

用于多媒体教学、广告设计、影视制作、游戏设计和虚拟现实方面的多媒体制作软件有：Tool book、Director、Author ware 等。

（8）网页与网站制作软件

网页与网站制作软件有：FrontPage、Dream Weaver、CorelDraw、Web Designer、Netscape Composer 等。

任务四：查看微机的主要参数和性能指标

使用微机时，可以在操作系统环境下查看微机安装的是什么操作系统，主要硬件设备和性能指标有哪些。

（1）首先启动 Window XP 操作系统，使用系统工具了解硬件的配置。

在 Window XP 的桌面下方，选择"开始"按钮，在"设置"选项中，选择"控制面板"，弹出"控制面板"窗口，如图 1.7 所示。

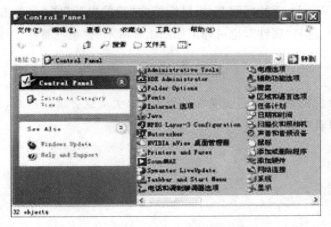

图 1.7 "控制面板"窗口

（2）在"控制面板"窗口中，选择"系统"，弹出"系统属性"对话框，如图 1.8 所示。

从"系统属性"对话框可以了解系统软硬件的具体配置，如：常规、计算机名、硬件、高级、系统还原、自动更新、远程等配置情况。图 1.8 中表明该机的操作系统的

图 1.8　系统属性

版本是 Microsoft Windows XP Professional 版本 2002，系统补丁为 Service Pack 1。该机的硬件配置为：CPU 为 Intel(R) Pentium(R) 4，主频为 2.00 GHz，内存为1.00 GB。

　　另外，在 Windows 的桌面上，将鼠标指向"我的电脑"图标，单击鼠标右键，在弹出的菜单中，选择"属性"，也可弹出如图 1.8 所示的"系统属性"对话框。

拓 展 应 用

　　你想成为攒机达人吗，那么现在开始你应当关心这方面的信息，并试着给自己配置一台家用机吧。

案例二 正确的开关机操作方式

【案例介绍】

使用微机时,是否采用正确的开机或关机方法来启动或关闭系统,会影响微机的正常运行以及使用寿命。本案例将介绍微机可以采用哪几种方法进行启动,机器加电后应该注意哪些问题等。

【案例分析】

微机必须采用正确的开机、关机方法是因为系统在开机和关机的瞬间会有较大的冲击电流,所以开机时一般要先开显示器,然后再开主机。要完成上面的任务,需要正确掌握计算机的开机、关机的操作步骤,以及启动和退出系统的过程。同时还要加强对计算机的安全与维护。

【操作步骤】

任务一:掌握计算机的启动方式

计算机的启动方式分为冷启动和热启动。冷启动是通过加电来启动计算机;热启动是指计算机的电源已经打开,在计算机运行中,重新启动计算机的过程。

(1)冷启动

冷启动是指当计算机未加电时,一般采用冷启动的方式开机。

冷启动的步骤是:检查显示器电源指示灯是否已亮,若电源指示灯不亮,则按下显示器电源开关,给显示器通电;若电源指示灯已亮,则表示显示器已经通电,不需再通电。然后按下主机电源开关,给主机加电。

为什么在冷启动过程中要先开外设电源开关,再开主机呢? 开机过程即给计算机加电的过程,在一般情况下,计算机硬件设备中需加电的设备有显示器和主机。由于电器设备在通电的瞬间会产生电磁干扰,这对相邻的正在运行的电器设备会产生副作用,所以对开机过程的要求是:先开显示器,再开主机。

(2)热启动

热启动是指在计算机已经开机并进入 Windows 操作系统后,由于增加新的硬件设备和软件程序或修改系统参数后,系统进行的重新启动。当发生软件故障或病毒感染使得计算机不接受任何指令等故障时,也需要热启动计算机。

　　热启动的步骤是：单击桌面上的"开始"按钮，选择"关闭计算机"菜单命令，在弹出的对话框中选择"重新启动"命令，最后单击"是"按钮。

　　（3）复位方式

　　在计算机工作过程中，由于用户操作不当、软件故障或病毒感染等多种原因造成计算机"死机"或计算机"死锁"等故障时，这时可以用系统复位方式来重新启动计算机，即按机箱面板上的"复位"按钮（也就是"Reset"按钮）。如果系统复位还不能启动计算机，再用冷启动的方式启动。

　　（4）关机

　　关机过程即给计算机断电的过程，这一过程与开机过程正好相反，对关机过程的要求是：先关主机，再关显示器。

　　关机步骤是：首先把任务栏中所有已打开的任务关闭，然后打开"开始"菜单，选择"关闭计算机"，再选择"关闭"，最后选择"确定"按钮，即实现了关机。如果系统不能自动关闭时，可选择强行关机。其方法是按下主机电源开关不放手，持续 5秒钟，即可强行关闭主机，最后关闭显示器电源。

　　任务二：使用微机时应注意的问题

　　机器加电后各种设备不要随意搬动，不要插拔各种接口卡，不要连接和断开主机与外设之间的电缆。这些操作都应该在断电的情况下进行。机器出现故障时，没有维护能力的用户不要打开主机的机箱并且插拔任意的部件，应及时与维修部门联系。

拓 展 应 用

　　这一节我们学习了微机启动时的操作步骤，请思考计算机具体的启动过程。

案例三 明白计算机的工作原理

【案例介绍】

无论是在工作中还是生活中,我们很多时候都要使用计算机。计算机是娱乐的好工具,也是工作的好帮手,可以说在现实生活中我们基本上已经离不开计算机了,我们几乎每天都要用它完成各种各样的操作。那么你可知道,计算机都是怎样完成这些的吗?

【案例分析】

如果我们能够明白计算机的工作原理,那么我们在使用计算机的时候我们就更容易理解计算机的每一个菜单命令的含义和事务处理的执行过程,这在很大程度上也有助于我们学习和使用计算机。

【操作步骤】

任务一:明白计算机工作原理

计算机的工作过程就是执行程序的过程。怎样组织程序,涉及计算机体系结构问题。现在的计算机都是基于"程序存储"概念设计制造出来的。

(1)冯·诺依曼(Von Neumann)的"程序存储"设计思想

冯·诺依曼是美籍匈牙利数学家,他在 1946 年提出了关于计算机组成和工作方式的基本设想。到现在为止,尽管计算机制造技术已经发生了极大的变化,但是就其体系结构而言,仍然是根据他的设计思想制造的,这样的计算机称为冯·诺依曼结构计算机。图 1.9 为冯·诺依曼结构示意图。

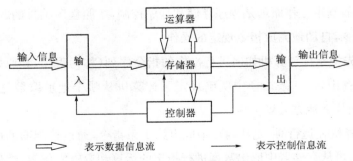

图 1.9 冯·诺依曼结构示意图

冯·诺依曼设计思想可以简要地概括为以下三点：

① 计算机应包括运算器、存储器、控制器、输入和输出设备五大基本部件。

② 计算机内部应采用二进制来表示指令和数据。每条指令一般具有一个操作码和一个地址码。其中操作码表示运算性质，地址码指出操作数在存储器中的地址。

③ 计算机的工作过程由存储程序控制。将编好的程序送人内存储器中，然后启动计算机工作，计算机勿需操作人员干预，能自动逐条取出指令和执行指令。

从以上三条可以看出，以前所有的讨论都是针对冯·诺依曼设计思想论述的，不过没有明确指出其人罢了。冯·诺依曼设计思想最重要之处在于明确地提出了"程序存储"的概念，他的全部设计思想实际上是对"程序存储"概念的具体化。

（2）计算机的工作过程

了解了"程序存储"，再去理解计算机的工作过程就变得十分容易。如果想叫计算机工作，就得先把程序编出来，然后通过输入设备送到存储器中保存起来，即程序存储。接来就是执行程序的问题了。根据冯·诺依曼的设计，计算机应能自动执行程序，而执行程序又归结为逐条执行指令：

① 取出指令：从存储器某个地址中取出要执行的指令送到 CPU 内部的指令寄存器暂存；

② 分析指令：把保存在指令寄存器中的指令送到指令寄存器，译出该指令对应的微操作；

③ 执行指令：根据指令译码器向各个部件发出相应控制信号，完成指令规定的操作；最后，为执行下一条指令做好准备，即形成下一条指令地址。

任务二：了解计算机的工作原理

计算机的基本工作原理是程序存储和程序控制，按照程序编排的顺序，一步一步地取出命令，自动地完成指令规定的操作。

（1）预先把指挥计算机如何进行操作的指令序列（称为程序）和原始数据输入到计算机内存中，每一条指令中明确规定了计算机从哪个地址取数，进行什么操作，然后送到什么地方去等步骤。

（2）计算机在运行时，先从内存中取出第 1 条指令，通过控制器的译码器接受指令的要求，再从存储器中取出数据进行指定的运算和逻辑操作等，然后再按地址把结果送到内存中去。接下来，取出第 2 条指令，在控制器的指挥下完成规定操作,依此进行下去,直到遇到停止指令。

(3) 计算机中基本上有两股信息在流动。一种是数据,即各种原始数据、中间结果和程序等。原始数据和程序要由输入设备输入并经运算器存于存储器中,最后结果由运算器通过输出设备输出。在运行过程中,数据从存储器被读入运算器进行运算,中间结果也要存入存储器中。人们用机器自身所具有的指令编排的指令序列,即程序,也是以数据的形式由存储器送入控制器,再由控制器向机器的各个部分发出相应的控制信号。另一种信息是控制信息,它控制机器的各部件执行指令规定的各种操作。

任务三:衡量一台计算机的好坏(计算机的性能指标)

(1) 基本字长

基本字长是指参与运算的数据的基本位数,它标志着计算精度。位数越多,精度越高,但硬件成本也越高,因为它决定着寄存器、运算部件、数据总线等的位数。

(2) 主存容量

主存储器是 CPU 可以直接访问的存储器,需要执行的程序与需要处理的数据就放在主存之中。主存容量大则可以运行比较复杂的程序,并可存入大量信息,可利用更完善的软件支撑环境。所以,计算机处理能力的大小在很大程度上取决于主存容量的大小。

(3) 外存容量

外存容量一般是指计算机系统中联机运行的外存储器容量。由于操作系统、编译程序及众多的软件资源往往存放在外存之中,需用时再调入主存运行,在批处理、多道程序方式中,也常将各用户待执行的程序、数据以作业形式先放在外存中,再陆续调入主存运行,所以联机外存容量也是一项重要指标,一般以字节数表示。

(4) 运算速度

同一台计算机执行不同的运算所需的时间可能不同,因而对运算速度的描述常采用不同方法。常用的有 CPU 时钟频率、每秒平均执行指令数(ips)、单独注明时间等。

(5) 所配置的外围设备及其性能指标

外围设备配置也是影响整个系统性能的重要因素,所以在系统技术说明中常给出允许配置情况与实际配置情况。

（6）系统软件配置情况

作为一种硬件系统，允许配置的系统软件原则上是可以不断扩充的，但实际购买的某个系统究竟已配置哪些软件，则表明它的当前功能。

拓展应用

我们已经了解了计算机工作的过程，请试着说明从我们编辑一份文档到打印的过程。

案例四 明白计算机信息的表示方法

【案例介绍】

信息表示是计算机科学中的基础理论,通过学习计算机中的信息表示,我们可以了解到计算机科学中的常用数制及其相互之间的转换,以及字符、数字、图像、声音等各种丰富多采的外部信息在计算机中的表示方法。

【案例分析】

数据是计算机处理的对象。数有大小和正负之分,还有不同的进位计数制。在计算机中采用什么样的数制,是学习计算机时首先遇到的一个重要问题。

【操作步骤】

任务一:理解计算机科学中的常用数制

(1) 丰富多采的数制

在人类历史发展的长河中,先后出现过多种不同的计数方法,其中有一些我们至今仍在使用当中,例如十进制和六十进制。

如今,大多数人使用的数字系统是基于 10 的。这种情况并不奇怪,因为最初人们是用手指来数数的,要是人类进化成有 8 个或 12 个手指,也许人类计数的方式会有所不同。英文单词"digit"(数字)可以指手指或脚趾,"five"(五)和"fist"(拳头)有相同的词根,出现这种情况并不是巧合。

与十进制不同,古代巴比伦人则是使用以 60 为基数的六十进制数字体系,该进制迄今为止仍用于计时。使用六十进制,巴比伦人把 75 表示成"1,15",这和我们把 75 分钟写成 1 小时 15 分钟是一样的。

中美洲的玛雅人使用二十进制计数,但又不是一种规则的二十进制。真正的二十进制应该是以 1,20,202,203…顺序增加数目,而玛雅体系使用的序列是 1,20,18×20,18×202……这使得一些计算变得复杂。

在早期的数字系统中,还有一种非常著名的罗马数字沿用至今,例如钟表的表盘上常常使用罗马数字。此外,罗马数字还用来在纪念碑和雕像上标注日期,标注书的页码,或作为提纲条目的标记。现在仍在使用的罗马数字有 I、V、X、L、C、D、

M,其中Ⅰ表示1,Ⅴ表示5,Ⅹ表示10,L表示50,C表示100,D表示500,M表示1000。

很长一段时间以来,罗马数字被认为用来做加减法运算非常容易,这也是罗马数字能够在欧洲被长期用于记账的原因。但使用罗马数字做乘除法则是很难的。其实,许多早期出现的数字系统和罗马数字系统相似,它们在做复杂运算时存在一定的不足,随着时间的发展,逐渐被淘汰掉了。

（2）进位计数制和非进位计数制

对多种数制进行分析后,可将数制分为非进位计数制和进位计数制两种。

① 非进位计数制及其特点

非进位计数制的特点是:表示数值大小的数码与它在数中所处的位置无关。

典型的非进位计数制是罗马数字。例如,在罗马数字中:Ⅰ总是代表1,Ⅱ总是代表2,Ⅲ总是代表3,Ⅳ总是代表4,Ⅴ总是代表5等。非进位计数制表示数据不便、运算困难,现已基本不用。

② 进位计数制及其特点

进位计数制的特点是:表示数值大小的数码与它在数中所处的位置有关。

例如,十进制数123.45,数码1处于百位上,它代表$1 \times 10^2 = 100$,即1所处的位置具有10^2权;2处于十位上,它代表$2 \times 10^1 = 20$,即2所处的位置具有10^1权;3代表$3 \times 10^0 = 3$;而4处于小数点后第一位,代表$4 \times 10^{-1} = 0.4$;最低位5处于小数点后第二位,代表$5 \times 10^{-2} = 0.05$。

如上所述,数据用少量的数字符号按先后位置排列成数位,并按照由低到高的进位方式进行计数,我们将这种表示数的方法称为进位计数制。

在进位计数制中,每种数制都包含有三个基本要素。

数码:计数制中所用到的表示符号。例如,八进制就包含0、1、2、3、4、5、6、7这8个符号。

基数:计数制中所用到的数字符号的个数。例如,十进制的基数为10。

位权:一个数字符号处在某个位上所代表的数值是其本身的数值乘上所处数位的一个固定常数,这个不同数位的固定常数称为位权。

（3）计算机科学中的常用数制

在计算机科学中,常用的数制是十进制、二进制、八进制、十六进制四种。

人们习惯于采用十进位计数制,简称十进制。但是由于技术上的原因,计算机内部一律采用二进制表示数据,而在编程中又经常使用十进制,有时为了表述上的方便还会使用八进制或十六进制。因此,了解不同数制及其相互转换是十分重要的。

① 十进制数及其特点

十进制数(Decimal notation)的基本特点是基数为 10,用 10 个数码 0,1,2,3,4,5,6,7,8,9 来表示,且逢十进一,因此对于一个十进制数而言,各位的位权是以 10 为底的幂。

例如,我们可以将十进制数$(2\,836.52)_{10}$表示为:

$(2\,836.52)_{10}=2\times10^3+8\times10^2+3\times10^1+6\times10^0+5\times10^{-1}+2\times10^{-2}$

这个式子我们称之为十进制数 2 836.52 的按位权展开式。

② 二进制数及其特点

二进制数(Binary notation)的基本特点是基数为 2,用 2 个数码 0,1 来表示,且逢二进一,因此对于一个二进制数而言,各位的位权是以 2 为底的幂。

例如,二进制数$(110.101)_2$可以表示为:

$(110.101)_2=1\times2^2+1\times2^1+0\times2^0+1\times2^{-1}+0\times2^{-2}+1\times2^{-3}$

③ 八进制数及其特点

八进制数(Octal notation)的基本特点是基数为 8,用 0,1,2,3,4,5,6,7 这 8 个数字符号来表示,且逢八进一,因此对于一个八进制数而言,各位的位权是以 8 为底的幂。

例如,八进制数$(16.24)_8$可以表示为:

$(16.24)_8=1\times8^1+6\times8^0+2\times8^{-1}+4\times8^{-2}$

④ 十六进制数及其特点

十六进制数(Hexadecimal notation)的基本特点是基数为 16,用 0,1,2,3,4,5,6,7,8,9,A,B,C,D,E,F 这 16 个数字符号来表示,且逢 16 进一,因此对于一个十六进制数而言,各位的位权是以 16 为底的幂。

例如,十六进制数$(5E.A7)_{16}$可以表示为:

$(5E.A7)_{16}=5\times16^1+E\times16^0+A\times16^{-1}+7\times16^{-2}$

⑤ R 进制数及其特点

扩展到一般形式,一个 R 进制数的基本特点是基数为 R,用 0,1,…,R−1 共 R 个数字符号来表示,且逢 R 进一,因此对于一个 R 进制数而言,各位的位权是以 R

为底的幂。

一个 R 进制数的按位权展开式为：

$$(N)_R = k_n \times R_n + k_n - 1 \times R_{n-1} + \cdots + k_0 \times R_0 + k_{-1} \times R_{-1} + k_{-2} \times R_{-2} + \cdots + k_{-m} \times R_{-m}$$

本书中，当各种数制同时出现的时候，我们用下标加以区别。在其他的教材或参考书中，也有人根据其英文的缩写，将 $(2\ 836.52)_{10}$ 表示为 2 836.52D，将 $(110.101)_2$、$(16.24)_8$、$(5E.7)_{16}$ 分别表示为 110.101B、16.24O、5E.A7H。

思考题：计算机中为什么要用二进制？

> 💧 **说明：** 在日常生活中人们并不经常使用二进制，因为它不符合人们的固有习惯。但在计算机内部的数却是用二进制来表示的，这主要有以下几个方面的原因：
>
> （1）电路简单，易于表示
>
> 计算机是由逻辑电路组成的，逻辑电路通常只有两个状态。例如开关的接通与断开，晶体管的饱和与截止，电压的高与低等。这两种状态正好用来表示二进制的两个数码 0 和 1。若是采用十进制，则需要有 10 种状态来表示 10 个数码，实现起来比较困难。
>
> （2）可靠性高
>
> 两种状态表示两个数码，数码在传输和处理中不容易出错，因而电路更加可靠。
>
> （3）运算简单
>
> 二进制数的运算规则简单，无论是算术运算还是逻辑运算都容易进行。十进制的运算规则相对繁琐，现在我们已经证明，R 进制数的算术求和、求积规则各有 $R(R+1)/2$ 种。如采用二进制，求和与求积运算法只有 3 个，因而简化了运算器等物理器件的设计。
>
> （4）逻辑性强
>
> 计算机不仅能进行数值运算而且能进行逻辑运算。逻辑运算的基础是逻辑代数，而逻辑代数是二值逻辑。二进制的两个数码 1 和 0，恰好代表逻辑代数中的"真"（True）和"假"（False）。

任务二:掌握数制之间的相互转换

虽然计算机内部使用二进制来表示各种信息,但计算机与外部的交流仍采用人们熟悉和便于阅读的形式。接下来我们将讨论几种进位计数制之间的转换问题。

(1) R 进制数转换为十进制数

根据 R 进制数的按位权展开式,我们可以很方便地将 R 进制数转换为十进制数。

【例1】 将 $(110.101)_2$、$(16.24)_8$、$(5E.A7)_{16}$ 转化为十进制数。

$$(110.101)_2 = 1 \times 2^2 + 1 \times 2^1 + 0 \times 2^0 + 1 \times 2^{-1} + 0 \times 2^{-2} + 1 \times 2^{-3}$$
$$= 6.625$$

$$(16.24)_8 = 1 \times 8^1 + 6 \times 8^0 + 2 \times 8^{-1} + 4 \times 8^{-2}$$
$$= 14.3125$$

$$(5E.A7)_{16} = 5 \times 16^1 + 14 \times 16^0 + 10 \times 16^{-1} + 7 \times 16^{-2}$$
$$= 94.6523（近似数）$$

(2) 十进制数转换为 R 进制数

将十进制数转换为 R 进制数,只要对其整数部分采用除以 R 取余法,而对其小数部分则采用乘以 R 取整法即可。

【例2】 将 $(179.48)_{10}$ 转换为二进制数。

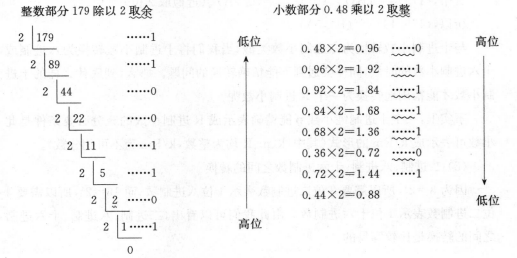

其中,$(179)_{10}=(10110011)_2$,$(0.48)_{10}=(0.0111101)_2$(近似取 7 位)

因此,$(179.48)_{10}=(10110011.0111101)_2$

从此例我们可以看出,一个十进制整数可以精确转换为一个二进制整数,但是一个十进制小数并不一定能够精确地转换为一个二进制小数。

【例 3】　将$(179.48)_{10}$转换为八进制数。

整数部分 179 除以 8 取余　　　　　　　　　　小数部分 0.48 乘以 8 取整

$0.48\times8=3.84\cdots\cdots3$　　高位

$0.84\times8=6.72\cdots\cdots6$

$0.72\times8=5.76\cdots\cdots5$

0.76　　　　　　　　　　低位

其中,$(179)_{10}=(263)_8$,$(0.48)_{10}=(0.365)_8$(近似取 3 位)

因此,$(179.48)_{10}=(263.365)_8$

【例 4】　将$(179.48)_{10}$转换为十六进制数。

整数部分 179 除以 16 取余　　　　　　　　　小数部分 0.48 乘以 16 取整

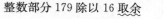

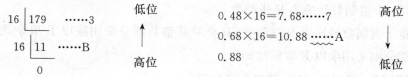

$0.48\times16=7.68\cdots\cdots7$　　高位

$0.68\times16=10.88\cdots\cdots A$

0.88　　　　　　　　　　低位

其中,$(179)_{10}=(B3)_{16}$,$(0.48)_{10}=(0.7A)_{16}$(近似取 2 位)

所以,$(179.48)_{10}=(B3.7A)_{16}$

与十进制小数转换为二进制小数类似,当我们将十进制小数转换为八进制或十六进制小数的时候,同样会遇到不能精确转换的问题。那么,到底什么样的十进制小数才能精确地转换为一个 R 进制小数呢?

事实上,一个十进制纯小数 p 能精确表示成 R 进制小数的充分必要条件是此小数可表示成 k/Rm 的形式(其中,k、m、R 均为整数,k/Rm 为不可约分数)。

(3) 二进制、八进制、十六进制数之间的转换

因为 $8=2^3$,所以需要 3 位二进制数表示 1 位八进制数;而 $16=2^4$,所以需要 4 位二进制数表示 1 位十六进制数。由此我们可以看出,二进制、八进制、十六进制之间的转换是比较容易的。

① 二进制数和八进制数之间的转换

二进制数转换成八进制数时,以小数点为中心向左右两边延伸,每 3 位一组,小数点前不足 3 位时,前面添 0 补足 3 位;小数后不足 3 位时,后面添 0 补足 3 位。然后将各组二进制数转换成八进制数。

【例 5】 将 $(10110011.011110101)_2$ 转换为八进制数。

$(10110011.011110101)_2 = 010\ 110\ 011.011\ 110\ 101 = (263.365)_8$

八进制数转换成二进制数则可概括为"1 位拆 3 位",即把 1 位八进制数写成对应的 3 位二进制数,然后按顺序连接起来即可。

【例 6】 将 $(1234)_8$ 转换为二进制数。

$(1234)_8 = 1\ 2\ 3\ 4 = 001\ 010\ 011\ 100 = (1010011100)_2$

② 二进制和十六进制数之间的转换

类似于二进制数转换成八进制数,二进制数转换成十六进制数时也是以小数点为中心向左右两边延伸,每 4 位一组,小数点前不足 4 位时,前面添 0 补足 4 位;小数点后不足四位时,后面添 0 补足 4 位。然后,将各组的 4 位二进制数转换成十六进制数。

【例 7】 将 $(10110101011.011101)_2$ 转换为十六进制数。

$(10110101011.011101)_2 = 0101\ 1010\ 1011.0111\ 0100 = (5AB.74)_{16}$

十六进制数转换成二进制数时,将十六进制数中的每一位拆成 4 位二进制数,然后按顺序连接起来。

【例 8】 将 $(3CD)_{16}$ 转换为二进制数。

$(3CD)_{16} = 3\ C\ D = 0011\ 1100\ 1101 = (1111001101)_2$

③ 八进制数与十六进制数之间的转换

关于八进制与十六进制之间的转换,通常先转换为二进制数作为过渡,再用上面所讲的方法进行转换。

【例 9】 将 $(3CD)_{16}$ 转换为八进制数。

$(3CD)_{16} = 3\ C\ D = 0011\ 1100\ 1101 = (1111001101)_2 = 001\ 111\ 001\ 101 = (1\ 715)_8$

表 1.1 提供了在二进制、八进制、十六进制数之间进行转换时经常用到的数据,熟练掌握这些基本数据是必要的。

表 1.1　二进制、八进制、十六进制数之间的转换

十进制	二进制	八进制	十六进制	十进制	二进制	八进制	十六进制
0	0000	0	0	8	1000	10	8
1	0001	1	1	9	1001	11	9
2	0010	2	2	10	1010	12	A
3	0011	3	3	11	1011	13	B
4	0100	4	4	12	1100	14	C
5	0101	5	5	13	1101	15	D
6	0110	6	6	14	1110	16	E
7	0111	7	7	15	1111	17	F

任务三：了解计算机中的信息表示

如今的计算机主要用于信息处理，对计算机处理的各种信息进行抽象后，可以将其分为数字、字符、图形图像和声音等几种主要的类型。

（1）为什么二进制能够表示出各种信息

前面我们讲到，在计算机内部，所有的数据都是以二进制表示的。二进制数据应该是最简单的数字系统了，二进制中只有两个数字符号——0 和 1。要是我们想寻求更简单的数字系统，就只剩下 0 这一个数字符号了，只有一个数字符号 0 的数字系统是什么都做不成的。

"bit"（比特）这个词被创造出来表示"binary digit"（二进制数字），它的确是新造的和计算机相关的最可爱的词之一。当然，bit 有其通常的意义："一小部分，程度很低或数量很少"。这个意义用来表示比特是非常精确的，因为 1 比特——一个二进制位，确确实实是一个非常小的量。

那么，为什么如此简单的二进制系统能够表示出客观世界中那么丰富多采的信息呢？这就需要对信息进行各种方式的编码。

让我们先从一个例子讲起。1775 年 4 月 18 日，美国革命前夕，麻省的民兵正计划抵抗英军的进攻，派出的侦察员需要将英军的进攻路线传回。作为信号，侦察员会在教堂的塔上点一个或两个灯笼。一个灯笼意味着英军从陆地进攻，两个灯笼意味着从海上进攻。但如果一部分英军从陆地进攻，而另一部分英军从海上进攻的话，是否要使用第三只灯笼呢？

聪明的侦察员很快就找到了好的办法。每一个灯笼都代表一个比特，点亮的灯笼表示比特值为 1，未亮的灯笼表示比特值为 0，因此一个灯笼就能表示出两种不同的状态，两个灯笼就可以表示出如下四种状态：

00＝英军不进攻

01＝英军从海上进攻

10＝英军从陆地进攻

11＝英军一部分从海上进攻，另一部分从陆地进攻

这里最本质的概念是信息可能代表两种或多种可能性的一种。例如，当你和别人谈话时，说的每个字都是字典中所有字中的一个。如果给字典中所有的字从1开始编号，我们就可能精确地使用数字进行交谈，而不使用单词。（当然，对话的两个人都需要一本已经给每个字编过号的字典以及足够的耐心。）换句话说，任何可以转换成两种或多种可能的信息都可以用比特来表示。

使用比特来表示信息的一个额外好处是我们清楚地知道我们解释了所有的可能性。只要谈到比特，通常是指特定数目的比特位。拥有的比特位数越多，可以传递的不同可能性就越多。只要比特的位数足够多，就可以代表单词、图片、声音、数字等多种信息形式。最基本的原则是：比特是数字，当用比特表示信息时只要将可能情况的数目数清楚就可以了，这样就决定了需要多少个比特位，从而使得各种可能的情况都能分配到一个编号。

在计算机科学中，信息表示（编码）的原则就是用到的数据尽量地少，如果信息能有效地进行表示，就能把它们存储在一个较小的空间内，并实现快速传输。

（2）数据的表示单位

我们要处理的信息在计算机中常常被称为数据。所谓的数据，是可以由人工或自动化手段加以处理的那些事实、概念、场景和指示的表示形式，包括字符、符号、表格、声音和图形等。数据可在物理介质上记录或传输，并通过外围设备被计算机接收，经过处理而得到结果，计算机对数据进行解释并赋予一定意义后，便成为人们所能接受的信息。

计算机中数据的常用单位有位、字节和字。

① 位（bit）

计算机中最小的数据单位是二进制的一个数位，简称为位。正如我们前面所讲的那样，1个二进制位可以表示两种状态（0或1），2个二进制位可以表示四种状态（00、01、10、11）。显然，位越多，所表示的状态就越多。

② 字节（Byte）

字节是计算机中用来表示存储空间大小的最基本单位。一个字节由8个二进制位组成。例如，计算机内存的存储容量、磁盘的存储容量等都是以字节为单位进行表示的。

除了用字节为单位表示存储容量外,还可以用千字节(KB)、兆字节(MB)以及十亿字节(GB)等表示存储容量。它们之间存在下列换算关系:

1B＝8bits

1KB＝2^{10}B＝1 024B

1MB＝2^{10}KB＝2^{20}B＝1 048 576B

1GB＝2^{10}MB＝2^{30}B＝1 073 741 824B

③ 字(Word)

字和计算机中字长的概念有关。字长是指计算机在进行处理时一次作为一个整体被处理的二进制数的位数,具有这一长度的二进制数则被称为该计算机中的一个字。字通常取字节的整数倍,是计算机进行数据存储和处理的运算单位。

计算机按照字长进行分类,可以分为 8 位机、16 位机、32 位机和 64 位机等。字长越长,那么计算机所表示数的范围就越大,处理能力也越强,运算精度也就越高。在不同字长的计算机中,字的长度也不相同。例如,在 8 位机中,一个字含有 8 个二进制位,而在 64 位机中,一个字则含有 64 个二进制位。

(3) 计算机中字符的表示

在计算机中,对非数值的文字和其他符号进行处理时,要对文字和符号进行数字化,即用二进制编码来表示文字和符号。其中西文字符最常用到的编码方案有 ASCII 编码和 EBCDIC 编码。对于汉字,我国也制定了相应的编码方案。

(4) ASCII 编码

微机和小型计算机中普遍采用 ASCII(American Standard Code for Information Interchange,美国信息交换标准码)表示字符数据,该编码被 ISO(国际化标准组织)采纳,作为国际上通用的信息交换代码。

ASCII 码由 7 位二进制数组成,由于 2^7＝128,所以能够表示 128 个字符数据。参照表 1.2 所示的 ASCII 码表,我们可以看出 ASCII 码具有以下特点:

① 表中前 32 个字符和最后一个字符为控制字符,在通讯中起控制作用。

② 10 个数字字符和 26 个英文字母由小到大排列,且数字在前,大写字母次之,小写字母在最后,这一特点可用于字符数据的大小比较。

③ 数字 0～9 由小到大排列,对应的 ASCII 码分别为 48～57,ASCII 码与数值恰好相差 48。

④ 在英文字母中,A 的 ASCII 码值为 65,a 的 ASCII 码值为 97,且由小到大依次排列。因此,只要我们知道了 A 和 a 的 ASCII 码,也就知道了其他字母的 ASCII 码。

表 1.2 ASCII 码表

ASCII 码	控制字符	ASCII 码	控制字符	ASCII 码	控制字符	ASCII 码	控制字符
0	NUL(空白)	32	空格	64	@	96	、
1	SOH(开始)	33	(	65	A	97	a
2	STX(文始)	34	"	66	B	98	b
3	ETX(文终)	35	#	67	C	99	c
4	EOT(送毕)	36	$	68	D	100	d
5	ENQ(询问)	37	%	69	E	101	e
6	ACK(应答)	38	&	70	F	102	f
7	BEL(告警)	39	'	71	G	103	g
8	BS(退格)	40	(	72	H	104	h
9	HT(横表)	41	)	73	I	105	i
10	LF(换行)	42	*	74	J	106	j
11	VT(纵表)	43	+	75	K	107	k
12	FF(换页)	44	=	76	L	108	l
13	CR(回车)	45	—	77	M	109	m
14	SO(移出)	46	.	78	N	110	n
15	SI(移入)	47	/	79	O	111	o
16	DLE(转义)	48	0	80	P	112	p
17	DC1(设控 1)	49	1	81	Q	113	q
18	DC2(设控 2)	50	2	82	R	114	r
19	DC3(设控 3)	51	3	83	S	115	s
20	DC4(设控 4)	52	4	84	T	116	t
21	NAK(否认)	53	5	85	U	117	u
22	SYN(同步)	54	6	86	V	118	v
23	ETB(组终)	55	7	87	W	119	w
24	CAN(作废)	56	8	88	X	120	x
25	EM(纸尽)	57	9	89	Y	121	y
26	SUB(取代)	58	=	90	Z	122	z
27	ESC(换码)	59	=	91	[	123	{
28	FS(卷隙)	60	<	92	\	124		
29	GS(群隙)	61	=	93	]	125	}
30	RS(录隙)	62	>	94	ˆ	126	~
31	US(元隙)	63	?	95	_	127	DEL(删除)

ASCII 码是 7 位编码,为了便于处理,我们在 ASCII 码的最高位前增加 1 位 0,凑成 8 位的一个字节,所以一个字节可存储一个 ASCII 码,也就是说一个字节可以存储一个字符。ASCII 码是使用最广的字符编码,数据使用 ASCII 码的文件称为 ASCII 文件。

拓展应用

这一节中我们学习了数制的转换和计算机中常用编码,请熟知常用字符的 ASCII 编码。

案例五　英文指法练习

【案例介绍】

在本案例中练习计算机的英文输入的指法。

(1) 掌握键盘的使用，熟悉按键与手指的关系；

(2) 重点熟悉和练习以下内容：

- 原位键练习(A、S、D、F 和 J、K、L、;)
- 上排键练习(Q、W、E、R 和 U、I、O、P)
- 中间键练习(T、G、B 和 Y、H、N)
- 下排键练习(Z、X、C、V 和 M、,、.、/)
- 上档键的输入

【案例分析】

要完成上面的任务，需要掌握计算机键盘操作的基本指法，熟练地操作键盘；可使用金山打字软件进行键盘指法练习。上机练习时，一定要按图示指法进行练习，养成良好习惯。进行指法练习时，要熟记各键的键位，逐步实现盲打。练习字母键与数字键的使用，击键速度逐步提高。

【操作步骤】

任务一：熟悉键盘使用时手指对应的键盘按键(见图)

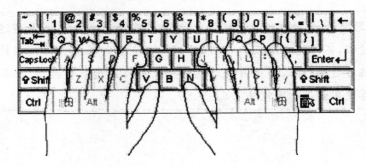

使用键盘时应注意正确的按键方法。在按键时，手抬起，伸出要按键的手指，在键上快速击打一下，不要用力太猛，也不要按住一个键长时间不放。在按键时手

指不要抖动,用力一定要均匀。在进行输入时,正确姿势是坐势端正,腰背挺直,两脚平稳踏地;身体微向前倾,双肩放松,两手自然地放在键盘上方;大臂和小肘微靠近身体,手腕不要抬得太高,也不要触到键盘;手指微微弯曲,轻放在按键上,右手拇指稍靠近空格键。

任务二：用 Windows 提供的"记事本"和"写字板"程序进行练习

可以选择一篇英文的文章进行英文指法练习。如按下面一段文章练习：

Only recently did linguists begin the serious study of languages that were very different from their own. Two anthropologist — linguists，Franz Boas and Edward Sapid，were pioneers in describing many native languages of North and South A-merica during the first half of the twentieth century. We are obliged to them because some of these languages have since vanished，as the peoples who spoke them died out or became assimilated and lost their native languages. Other linguists in the earlier part of this century，however，who were less eager to deal with bi-zarre data from "exotic" language，were not always so grateful：The newly de-scribed languages were often so strikingly different from the well—studied langua-ges of Europe and Southeast Asia that some scholars even accused Boas and Sapid of fabricating their data. Native American languages are indeed different，so much so in fact that Navajo could be used by the US military as a code during World War II to send secret messages.

在进行英文输入练习时,注意使用的标点符号是英文标准的。并且要注意在英文输入练习中的大小写字母的切换。熟记各键的键位,逐步实现盲打。

> 🔔 **学习提示**：在熟悉键盘的过程中,应该循序渐进地练习,要知道这必须有一个过程,不可能一蹴而就,所以请耐心一点。如果你能每天保持半个小时的练习时间,那么半个月的时间内一定可以熟悉全部键位(在练习中我们推荐使用金山打字软件^_^)。

案例六 中文输入练习

【案例介绍】

在本案例中主要进行计算机的中文输入练习。

(1) 熟悉键盘按键的功能与分类；

(2) 熟悉中文输入的几种方法，并能使用某种中文输入法进行中文输入。

【案例分析】

要完成上面的任务，实验前应了解微机标准键盘的布局和键盘上各区的位置。上机练习时，一定要按图示指法进行练习，养成良好习惯。使用自己熟悉的输入方法，如"智能 ABC 拼音输入"、"郑码输入"、"全拼输入法"、"五笔字型"等。在进行中文输入时，要熟记各键的键位，逐步实现盲打。练习字母键与数字键的使用，使击键速度逐步提高。

【操作步骤】

任务一：使用 Windows 提供的"记事本"和"写字板"程序进行练习

步骤 1：启动 Windows 提供的文本编辑软件"记事本"和"写字板"程序，在新建文本窗口中输入中文。

步骤 2：使用"Ctrl＋Shift"快捷键切换中文输入的方法，或单击任务栏右下角的"En"按钮，选择"智能 ABC 输入法"，屏幕左下角出现如图 1.10 所示的图标，表示已进入智能 ABC 输入法状态。使用智能 ABC 输入法可进行中文输入的练习，它是一种以拼音为主的智能化键盘输入法。

图 1.10　智能 ABC 输入法界面

在中文输入过程中，对标点符号、英文字母、数字等应注意全角与半角的区别。

任务二：安装中文输入练习软件或安装 Word 文字处理软件，进行中文文本的输入练习

练习输入下面段落的中文：

一辈子的蜻蜓

　　在一个非常宁静而美丽的小城，有一对非常恩爱的恋人，他们每天都去海边看日出，晚上去海边送夕阳，每个见过他们的人都向他们投来美慕的目光。可是有一天，在一场车祸中，女孩不幸受了重伤，她静静地躺在医院的病床上，几天几夜都没有醒过来。白天，男孩就守在床前不停地呼唤毫无知觉的恋人；晚上，他就跑到小城的教堂里向上帝祷告，他已经哭干了眼泪。

　　一个月过去了，女孩仍然昏睡着，而男孩早已憔悴不堪了，但他仍苦苦地支撑着。终于有一天，上帝被这个痴情的男孩感动了。于是他决定给这个执着的男孩一个例外。上帝问他：“你愿意用自己的生命作为交换吗？”男孩毫不犹豫地回答：“我愿意！”上帝说：“那好吧，我可以让你的恋人很快醒过来，但你要答应化作三年的蜻蜓，你愿意吗？”男孩听了，还是坚定地回答道：“我愿意！”

　　天亮了，男孩已经变成了一只漂亮的蜻蜓，他告别了上帝便匆匆地飞到了医院。女孩真的醒了，而且她还在跟身旁的一位医生交谈着什么，可惜他听不到……

拓 展 应 用

　　在 Windows 提供的“记事本”和“写字板”程序中练习用智能 ABC 输入法或其他中文输入法输入一段中文文字。文字的内容如下：

生活是一首歌

　　生活是一首歌，具有那么多优美的旋律！生活是一首诗，具有深情的平平仄仄！

　　生活中不能没有歌，更不能没有诗！诗情画意永远是生活的主旋律，漫长的生活旅途中，风花雪月只是虚拟的咏叹！锅碗瓢盆也能碰撞出动听的音符！

　　生活中无诗，就如天空失去太阳，就如季节少了春天。青翠的绿叶需要红花点缀，单调的日子怎能拒绝一两首优美的插曲？冗长的生活更需要添加一两句俏皮的句子，或一段深情的独白。

　　一个熟悉的眼神，能勾起往日的回味，一句温馨的话语，能溶化心头的寒冰，一声真诚的道歉，能换回一张灿烂的笑脸，一份薄礼，几枝鲜花，你又找到了幸福的源头！生活就这样深刻，又这样简单，看似平淡，实则诗意盎然。

　　枫叶红了的时候，一个看似美丽的故事正准备上演。数不清的日子似水一样流过，“去年今日此门中，人面桃花相映红，人面不知何处去，桃花依旧笑春风！”往事悠悠，每个人心里都会存有一些时过境迁、却依然清晰记忆的往事，也有可能已经变得迷糊但却依然不能忘怀的回忆。作为过去的一个生活片断,往事在人生中占据了太多的时间和空间。

都说往事如烟,逝去的终将成为过去。但不是所有的往事都能如烟一般随风而散,那些曾经给你快乐,曾经在你心里引起涟漪,曾经让你有所感悟,曾经让你为之深深感动,甚至曾经让你痛苦不已的往事,必将在大脑里留下不可磨灭的痕迹.这种回忆也许是甜蜜的、也许是温馨的、也许是快乐的,又或者是苦涩的、是难过的、是辛酸的……

在年华匆匆而去的时候,只能摇头叹息,谁也不可能是谁的永远。时间是世上最温柔的刀子,会磨平所有的棱角。承诺,就像随着风,飘零如雪的花瓣,在阳光里渐渐沉默,却再也回不到从前。

曾经以为在我生命里会永远相伴相随的人,现在却在距离中渐离渐远。能做的,只有两手空空的,站在某一片纯净的蓝天下,遗忘所有的痛楚和期待,等待尘埃落定。曾经,不管握得有多紧,最终都会失去。如手中的沙,慢慢地就没了。

有人说,人生是一首歌,在人生的漫长岁月中,每个人都会面临无数次的选择,这些选择可能会使我们的生活充满无尽的烦恼,使我们不断地失去一些我们不想失去的东西。但同样是这些选择却又让我们在不断地获得。我们失去的,也许永远无法补偿,但是我们得到的却是别人无法体会到的! 生活不可能像我们期待的那样完美无缺,它有苦有乐,这就需要我们笑对人生。

如果你常感到失落,那是因为你的心胸不够宽广所致;如果你常能体验获得的快乐,那是因为你的心态平和。人必须先有所舍,才能有所得,"舍得,舍得,有舍才有得。"所以得到与失去、追求与放弃,是现实生活中再平常不过的事情了,我们应该以一种平常、豁达的心态去看待!

案例七　掌握 Windows XP 的使用

【案例介绍】

(1) 认识 Windows 的工作界面。

(2) 掌握 Windows 的基本操作。

【案例分析】

(1) 观察 Windows 的一些工作界面：桌面、任务栏、菜单、对话框、窗口。

(2) 掌握 Windows 的基本操作：Window 启动与关闭；灵活使用键盘和鼠标；Windows 桌面上的图标的创建、管理与使用；菜单、工具栏、对话框和窗口的基本操作；"开始"菜单和任务栏的使用及设置；Windows 剪贴板的功能；Windows 的帮助系统(关键词搜索方式；通过帮助系统寻求问题解决方案)；选中、复制、移动、删除操作。

【操作步骤】

任务一：WindowsXP 的基本操作

(1) 启动 Windows

步骤 1：依次打开显示器、主机电源开关，注意观察启动过程和屏幕上显示的信息。

步骤 2：计算机进入自检，"滴"的一声短鸣，表示自检通过，计算机硬件系统正常。如果自检没有通过，请报告教师。

步骤 3：如果设置了开机密码，在进入用户登录界面后，在"密码"输入框中输入正确的密码，然后单击"确定"按钮或按回车键。

步骤 4：登录通过后，继续启动，启动完毕，出现桌面，进入了 Windows 系统。

在步骤 3 中，为了管理的方便，机房计算机可能会设置用户登录界面不出现，直接进入系统。

(2) 认识 Windows 常见的操作界面

步骤 1：认识桌面。

注意观察桌面图标，寻找"我的电脑"、"回收站"、"我的文档"图标。

【拓展思考】

判断哪些图标是系统内置程序的快捷启动图标，哪些是系统外挂程序的快捷启动图标？

步骤 2:认识任务栏。

任务栏从左至右依次排列"开始"按钮、"快速启动"工具栏、活动任务区和任务托盘。寻找"时钟"、"音量"、"输入法"图标。查看当前日期和时间,如果不正确,请进行修改。

步骤 3:认识菜单。

打开"开始"→"程序"子菜单,了解本机安装了哪些应用程序;打开"附件"子菜单,了解本机安装了哪些附件。

步骤 4:认识程序窗口。

在步骤 3 打开"附件"子菜单后,打开"写字板"程序。观察其界面,寻找标题栏、菜单栏、工具栏、工作区和状态栏。在工作区里输入文字:"谨记毛主席教导:好好学习,天天向上"。

步骤 5:认识对话框。

单击工具栏上的"保存"按钮,打开"保存为"对话框,选择保存位置为"我的文档",以你的姓名为文件名,单击"确定"按钮。

(3) 练习使用鼠标

① 将桌面上"我的电脑"图标拖动到其他位置。

步骤 1:将鼠标移动到"我的电脑"图标上,之后按下鼠标左键拖动图标到新的位置,完成后松开鼠标即可。

② 使用鼠标右键打开"网上邻居"和"我的文档"的快捷菜单,并观察其中包含的命令是否相同。

步骤 2:将鼠标分别指向"网上邻居"和"我的文档"图标,然后在图标上单击鼠标右键,弹出相应的快捷菜单。观察其中包含的命令。

③ 双击桌面上的"我的电脑"图标,查看计算机中有几个盘符。

步骤 3:双击桌面上的"我的电脑"图标,打开"我的电脑"窗口,这时就可以看到计算机中所包含的驱动器。

④ 将桌面上的图标按照"类型"排列。

步骤 4:在桌面的空白位置单击鼠标右键,在弹出的快捷菜单中选择"排列图标"下的"类型"选项,桌面上的图标就会自动按类型排列。

(4) 运行应用程序

步骤:双击桌面上的应用程序图标或者执行"开始"菜单中"程序"下的子菜单/

应用程序。

（5）窗口的基本操作

① 切换窗口。

步骤：单击窗口上任意可见的地方，该窗口就会成为当前活动窗口，另外也可以使用快捷键"Alt＋Tab"或"Alt＋Esc"进行切换。

② 移动窗口。

步骤：将鼠标指向窗口的标题栏，注意不要指向左边的控制菜单或右边的按钮，然后拖动标题栏到需要的位置即可。

③ 最大化、最小化和还原窗口 。

步骤1：单击窗口右上角的"最大化"按钮，窗口便最大化显示并占据整个桌面，这时"最大化"按钮为"还原"按钮。

步骤2：单击窗口右上角的"还原"按钮，或者双击该窗口的标题栏，窗口就还原为最大化前的大小和位置。

步骤3：单击窗口右上角的"最小化"按钮，窗口就最小化为任务栏的按钮。

步骤4：单击任务栏上要还原的窗口的图标，窗口便还原为最小化前的大小和位置。

④ 调整窗口大小。

步骤：指向窗口的边框或窗口角，待鼠标发生变化后，拖动窗口的边框或角到指定位置即可。

⑤ 排列窗口。

步骤：用鼠标右键单击任务栏上的空白处，然后在弹出的快捷菜单中分别执行"层叠窗口"、"横向平铺窗口"、"纵向平铺窗口"命令，并观察各个窗口的位置关系变化情况。

⑥ 关闭窗口。

步骤：方法一：单击窗口右上角的"关闭"按钮。

　　　　方法二：按"Alr＋F4"快捷键。

　　　　方法三：执行"文件"→"关闭"命令。

　　　　方法四：双击窗口左上角的控制菜单按钮。

⑦ 变化窗口内容显示方式。

步骤：在"我的电脑"窗口中，单击"查看"菜单下的"详细信息"选项，观察窗口中的各项，由原来的大图标改为详细资料列表。

（6）设置任务栏和开始菜单

① 调整任务栏的位置及大小。

步骤 1：将鼠标指向任务栏的上边，待鼠标变为上下双箭头后，拖动鼠标可以调整任务栏的高度。将鼠指向任务栏的空白处，将任务栏拖动到桌面的左侧，然后再将任务栏拖动到原来的位置。

② 隐藏任务栏。

步骤 2：用鼠标右键单击任务栏的空白处，执行快捷菜单中的"属性"命令，或者执行"开始"→"设置"→"任务栏和「开始」菜单"命令，打开"任务栏和「开始」菜单属性"对话框，选中"自动隐藏任务栏"复选框，取消选中"显示时钟"复选框，然后按"确定"按钮，观察任务栏的变化。

③ 清除访问记录。

步骤 3：在"任务栏和「开始」菜单属性"对话框中，切换到"「开始」菜单"选项卡，然后单击"自定义"按钮，接着单击"清除"按钮，可以删除最近访问过的文档、程序和网站记录。

（7）建立快捷方式

在 Windows 中，要完成一项操作，通常有多种方法，我们尽量使用快捷的操作方法。

（8）退出 Windows

步骤：要关闭系统，即关机，可以执行"开始"→"关闭计算机"命令。

任务二：Windows 文件管理

【任务介绍】

（1）掌握 Windows 文件和文件夹管理。

（2）掌握"我的电脑"和"资源管理器"的使用。

【操作要点】

（1）Windows 文件和文件夹管理：创建文件夹和文件；创建子文件夹；文件与文件夹的命名；文件和文件夹的选择、复制、粘贴、移动、更名、删除操作；设置、查看文件和文件夹的属性；桌面创建文件与文件夹启动快捷方式；回收站的使用，还原、删除某个项目；设置隐藏和显示某个文件；设置显示或不显示文件后缀。

（2）搜索文件和文件夹：按文件名、类型、时间等条件搜索文件；查看搜索情况；打开搜索到的文件或文件夹。

（3）资源管理器的使用：资源管理器的基本操作，选择、新建、删除、复制和移动文件或文件夹；鼠标拖动方式移动或复制文件和文件夹。

（4）"我的电脑"的使用：掌握"我的电脑"的基本操作，选择、新建、删除、复制和移动文件或文件夹；大图标、小图标、详细资料、缩略图等查看方式的改变；查看电脑硬盘分区情况和各区容量；估算硬盘总容量。

（1）建立文件和文件夹

步骤 1：双击桌面上的"我的电脑"图标，打开"我的电脑"窗口，双击 E 盘图标，在打开的窗口中会显示出 E 盘的根目录下所有的文件和文件夹。

步骤 2：在右侧窗口的空白处单击鼠标右键，在弹出的快捷菜单中选择"新建"→"文件夹"命令，出现"新建文件夹"图标，然后将文件夹以自己的姓名命名，例如"张小毛"。

步骤 3：双击新建的文件夹，再在此文件夹下新建子文件夹 01、02 和 03，在 02 文件夹中新建 3 个不同类型的文件，分别是文本文件 al. txt、Word 文档文件 a2. doc 和位图图像文件 a3. bmp。

步骤 4：按"PrintScreen"键对当前桌面进行全屏抓图，双击位图图像文件 a3. bmp，打开该文件，按"Ctrl＋V"快捷键将其粘贴到位图图像文件 a3. bmp 中，保存该文件并关闭。

提示：按"ALT＋PrintScreen"快捷键可以抓取当前窗口图像。

（2）资源管理器的使用

步骤 1：用鼠标右键单击桌面上的"我的电脑"图标，在快捷菜单中选择"资源管理器"命令，打开"资源管理器"窗口。隐藏暂时不用的工具栏，并适当调整左右窗格的大小。改变文件和文件夹的显示方式及排序方式，观察相应的变化。

步骤 2：单击左侧窗格 E 盘图标左侧的"＋"，展开 E 盘根目录文件夹，单击名为"张小毛"的文件夹，再单击名为"02"的文件夹，在右侧窗格选择文件 al. txt，按住"Ctrl"键的同时单击 a2. doc，按住"Ctrl"键的同时将这两个文件拖动到左侧窗格的"03"文件夹中。

步骤 3：在"资源管理器"窗口的左侧窗格中，选择 03 文件夹，在右侧窗格中选择文件 al. txt，两次单击图标下方反白显示的文件名，输入"clock. htm"，然后用相同的方法将 a2. doc 改名为"文学作品. doc"。

步骤 4：将 03 文件夹中的文学作品. doc 文件移到到 01 文件夹中。

步骤 5：删除 02 文件夹中的文件 al. txt 和 a3. bmp。

（3）设置文件和文件夹的属性

步骤 1：打开 01 文件夹，选择文学作品. doc 文件并单击鼠标右键，在弹出的快捷菜单中选择"属性"，弹出"属性"对话框，选中"只读"复选框，然后单击"确定"按钮。

步骤 2：打开 03 文件夹，选择 clock. htm 文件，单击鼠标右键，在弹出的快捷菜单中选择"属性"，弹出"属性"对话框，选中"隐藏"复选框，单击"确定"按钮。

步骤 3：在"资源管理器"窗口中，执行"工具"→"文件夹选项"命令，弹出"文件夹选项"对话框，在"查看"选项卡中选择"高级设置"列表中的"不显示隐藏的文件和文件夹"，然后单击"确定"按钮，设置为"隐藏"属性的文件和文件夹就被隐藏了。

（4）搜索文件和文件夹

步骤：搜索 C 盘的 Windows 目录下字节数在 50～100KB 的. gif 图像文件，并将搜索到的文件复制到 E 盘的个人文件夹下的 01 文件夹中。

（5）使用回收站

删除操作是把要删除的文件暂时放到了"回收站"中，这意味着被删除的文件还可以恢复，这样做的目的是为了防止不小心删除了重要文件而不能恢复的麻烦，等确定该删除文件确实没有保留的必要时，可以打开回收站彻底删除该文件；

若在删除操作前就已经确定该文件或文件夹确实没有保留的必要，可以在键盘上按下"Shift＋Delete"快捷键，这时系统不做提示直接删除该文件，并且无法再恢复，所以使用这种操作时要慎重！

（6）查看并设置文件的属性

① 鼠标右键单击要查看的文件，在弹出的菜单中选择"属性"就可以弹出该文件夹的"属性"对话框；

② 单击"摘要"选项卡，其中包含了该文件的详细信息，主要有两类信息，分别是"描述"信息和"原始"信息，有些信息可以改变。

③ 单击"作者"一栏，就可以在右面的输入框中更改作者信息，然后单击"确定"就可以确认更改，这时在被查看文件所在的窗口中选中该文件，在窗口底部的状态栏中就会看到该文件的三种属性信息，分别是"类型"、"作者"和"大小"，这时可以看到刚刚"作者"信息的更改内容已经被显示在状态栏中。

任务三：Windows 系统设置

【任务介绍】

（1）掌握 Windows 磁盘管理。

（2）掌握 Windows 系统常见设置。

（3）了解附件常用工具的使用。

【操作要点】

（1）Windows 磁盘管理：查看（在"我的电脑"里，查看磁盘分区情况、容量大小、盘符）；磁盘清理操作。

（2）Windows 系统设置：设置以 Windows XP 风格还是以 Windows 2000 传统风格显示；设置桌面背景、屏保、分辨率（把自己选择的图片设置为桌面背景；设置屏幕保护，设置等待时间 5 分钟；调整分辨率为 1024 * 768 像素）；创建快捷方式（桌面创建启动 Windows Media Player 的快捷方式以及打开某个 Word 文档的快捷方式）；设置系统日期与时间；设置音量控制；安装打印机驱动程序；设置自动隐藏任务栏。

（1）创建快捷方式

步骤：在桌面的空白处单击鼠标右键，在弹出的快捷菜单中选择"新建"→"快捷方式"命令，打开"创建快捷方式"对话框，单击"浏览"按钮，打开"浏览文件夹"对话框，在文件夹树状结构中找到"Windows Media Player"，然后单击"确定"按钮，再单击"下一步"按钮，弹出"选择程序标题"对话框，最后单击"完成"按钮，这样就在桌面上创建了 Windows Media Player 的快捷方式。

（2）设置显示属性

步骤 1：在桌面的空白处单击鼠标右键，在弹出的快捷菜单中选择"属性"命令，弹出"显示 属性"对话框。

步骤 2：切换到"桌面"选项卡中，选择"背景"列表框中的图案，并设置图片的"位置"为"拉伸"。

步骤 3：切换到"屏幕保护程序"选项卡中，单击"屏幕保护程序"下拉列表，选择"三维飞行物"，单击"设置"按钮，弹出"三维飞行物设置"对话框，在"样式"下拉列表中选择自己喜欢的方式，并设置等待时间为"5"分钟。

步骤 4：切换到"设置"选项卡中，用鼠标拖动"屏幕分辨率"的滑块，设置屏幕的分辨率为"1024 * 768 像素"。

（3）设置系统时间

步骤：双击任务栏上的时间图标，弹出"日期和时间 属性"对话框，在"时区"选项卡中选择"北京"，在"时间和日期"选项卡中可以调节年、月、日和时钟，最后单击"确定"按钮。

（4）设置鼠标使用属性

在"控制面板"窗口中打开"鼠标 属性"对话框，适当调整指针速度，并按自己的喜好选择是否显示指针轨迹及调整指针形状，然后恢复初始设置。

（5）查看及整理磁盘

步骤 1：双击桌面上的"我的电脑"图标，选择 E 盘驱动器图标并单击鼠标右键，在弹出的快捷菜单中选择"属性"命令，接着弹出"本地磁盘（E:）属性"对话框，在"常规"选项卡中可以查看到 E 盘已用空间和可用空间。

步骤 2：执行"开始"→"程序"→"附件"→"系统工具"→"磁盘碎片整理程序"命令，弹出"磁盘碎片整理程序"对话框，选择需要整理的磁盘如 D 盘，然后单击"碎片整理"按钮，开始对 D 盘进行碎片整理。

（6）连接打印机并安装驱动程序

步骤 1：在计算机关闭的状态下，把打印机的数据线与主机相应的接口相连接。

步骤 2：连接好打印机的电源线，然后打开打印机的电源并启动计算机。

步骤 3：按向导的提示或者执行"开始"→"设置"→"打印机和传真"进行驱动程序的安装。

步骤 4：进行打印测试。

（7）使用写字板程序

步骤：执行"开始"→"程序"→"附件"→"写字板"，可以打开写字板程序。试用一下写字板，如果你曾经使用过 Word，可以比较这两者之间的不同。

（8）设置字体

步骤 1：在网上以"字体 下载"为关键词，查找提供字体下载的网站，下载一种新字体。

步骤 2：在"控制面板"窗口中双击"字体"图标，打开"字体"窗口，在"文件"菜单中单击"安装新字体"，弹出"添加字体"对话框，如图 1.11 所示，选择右下角的"将字体复制到 Fonts 文件夹"复选框，把所选字体拷贝到 Fonts 文件夹中，否则计算机将直接从原来所处的文件夹中使用该字体。在"驱动器"下拉列表中选择驱动器，在"文件夹"列表框中选择字体所在的文件夹，系统将自动查询所有的字体文件，并在"字体列表"列表框中显示出来，从列表中单击选择所需的字体，最后单击"确定"按钮即可。如果用户需要安装全部字体，可以单击"全选"按钮后再单击"确定"按钮。

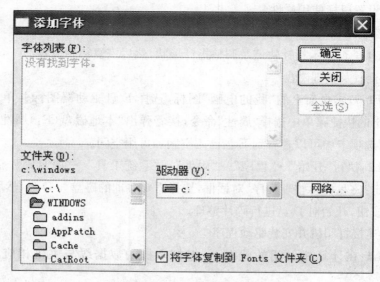

图 1.11　"添加字体"对话框

步骤 3：在"字体"窗口中，双击该字体图标，可以查看该字体的详细信息。

（9）设置音量控制

步骤：通过以下两种方法打开"音量控制"窗口：

① 在任务栏的右面有一个小喇叭形状的扬声器图标，双击它就可以打开"音量控制"窗口（如图 1.12 所示），对音量进行控制。

② 通过"开始"→"程序"→"附件"→"娱乐"→"音量控制"，打开"音量控制"窗口。

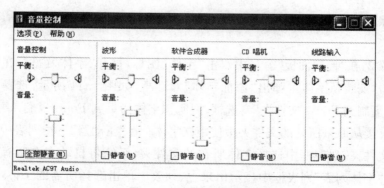

图 1.12　"音量控制"对话框

在"音量控制"窗口，最左边一栏是"音量控制"板，调整所有设备的声音均衡和音量。在最底部，有一个"全部静音"复选框，选中后所有设备的声音将消失。

案例八 玩转系统中的自带工具

任务一:使用"画图"程序

【分析与讨论】

"画图"程序是一个位图编辑器,可以对各种位图格式的图画进行编辑,用户可以自己绘制图画,也可以对扫描的图片进行编辑修改,在编辑完成后,可以以BMP、JPG、GIF 等格式存档,还可以将其发送到桌面和其他文本文档中。

步骤 1:认识"画图"界面。

当用户要使用画图程序时,可单击"开始"→"程序"→"附件"→"画图",这时用户可以进入"画图"界面,如图 1.13 所示,为程序默认状态。

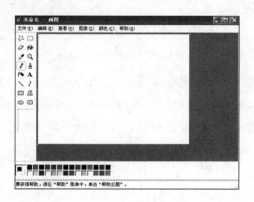

图 1.13 "画图"界面

下面来简单介绍一下程序界面的构成:

• 标题栏:在这里标明了用户正在使用的程序和正在编辑的文件。

• 菜单栏:此区域提供了用户在操作时要用到的各种命令。

• 工具箱:它包含了 16 种常用的绘图工具和一个辅助选择框,为用户提供多种选择。

• 颜料盒:它由显示多种颜色的小色块组成,用户可以随意改变绘图颜色。

• 状态栏:它的内容随光标的移动而改变,标明了当前鼠标所处位置的信息。

• 绘图区:处于整个界面的中间,为用户提供画布。

步骤 2：设置页面。

在用户使用画图程序之前，首先要根据自己的实际需要进行画布的选择，也就是要进行页面设置，确定所要绘制的图画大小以及各种具体的格式。用户可以通过选择"文件"菜单中的"页面设置"命令打开"页面设置"对话框进行设置，如图 1.14 所示。

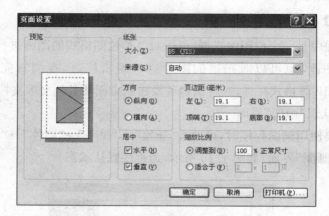

图 1.14　"页面设置"对话框

在"纸张"选项组中，单击向下的箭头，会弹出一个下拉列表框，用户可以选择纸张的大小及来源，可通过"纵向"和"横向"单选项选择纸张的方向，还可进行页边距及缩放比例的调整，当一切设置好之后，用户就可以进行绘画的工作了。

步骤 3：使用工具箱。

在"工具箱"中为用户提供了 16 种常用的工具，每当选择一种工具时，在下面的辅助选择框中会出现相应的信息，比如当选择"放大镜"工具时，会显示放大的比例，当选择"刷子"工具时，会出现刷子大小及显示方式的选项，用户可自行选择。

• 裁剪工具""：利用此工具，可以对图片进行任意形状的裁切。单击此工具按钮，按下鼠标左键不松开，对所要进行的对象进行圈选后再松开手，此时出现虚框选区，拖动选区，即可看到效果。

• 选定工具""：此工具用于选中对象。使用时单击此按钮，按下鼠标左键并拖动，可以拉出一个矩形选区对所要操作的对象进行选择，用户可对选中范围内的对象进行复制、移动、剪切等操作。

• 橡皮工具""：用于擦除绘图中不需要的部分，用户可根据要擦除的对象范围大小，来选择合适的橡皮擦。橡皮工具根据背景而变化，当用户改变其背景色时，橡皮会转换为绘图工具，类似于刷子的功能。

• 填充工具"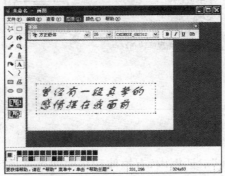":运用此工具可对一个选区内进行颜色的填充来达到不同的表现效果。用户可以从颜料盒中进行颜色的选择,选定某种颜色后,单击改变前景色,右击改变背景色。在填充时,一定要在封闭的范围内进行,否则整个画布的颜色会发生改变,达不到预想的效果,在填充对象上单击填充前景色,右击填充背景色。

• 取色工具"":此工具的功能等同于在颜料盒中进行颜色的选择。运用此工具时可单击该工具按钮,在要操作的对象上单击,颜料盒中的前景色随之改变,而对其右击,则背景色会发生相应的改变。当用户需要对两个对象进行相同颜色填充,而这时前、背景色的颜色已经调乱时,可采用此工具,能保证其颜色的绝对相同。

• 放大镜工具"":当用户需要对某一区域进行详细观察时,可以使用放大镜进行放大。选择此工具按钮,绘图区会出现一个矩形选区,选择所要观察的对象,单击即可放大,再次单击回到原来的状态,用户可以在辅助选框中选择放大的比例。

• 铅笔工具"":此工具用于不规则线条的绘制。直接选择该工具按钮即可使用,线条的颜色依前景色而改变,可通过改变前景色来改变线条的颜色。

• 刷子工具"":使用此工具可绘制不规则的图形。使用时单击该工具按钮,在绘图区按下鼠标左键拖动即可绘制显示前景色的图画,按下右键拖动可绘制显示背景色的图画。用户可以根据需要选择不同的笔刷粗细及形状。

• 喷枪工具"":使用喷枪工具能产生喷绘的效果。选择好颜色后,单击此按钮,即可进行喷绘,在喷绘点上停留的时间越久,其浓度越大,反之,浓度越小。

• 文字工具"":用户可采用文字工具在图画中加入文字。单击此按钮,再单击"查看"菜单中的"文字工具栏"便可以用了,这时就会弹出"文字工具栏",用户在文字输入框内输完文字并且选择后,可以设置文字的字体、字号,给文字加粗、倾斜、加下划线,改变文字的显示方向等等,如图1.15所示。

图 1.15 文字工具栏

·直线工具"＼"：此工具用于直线线条的绘制。先选择所需要的颜色以及在辅助选择框中选择合适的宽度，然后单击直线工具按钮，按下鼠标左键并拖动至所需要的位置后再松开，即可得到直线，在拖动的过程中同时按"Shift"键，可起到约束的作用，这样可以画出水平线、垂直线或与水平线成45°的线条。

·曲线工具"?"：此工具用于曲线线条的绘制。先选择好线条的颜色及宽度，然后单击曲线工具按钮，按下鼠标左键并拖动至所需要的位置后再松开，然后在线条上选择一点，按下鼠标左键并移动则线条会随之变化，调整至合适的弧度即可。

·矩形工具"▭"、椭圆工具"◯"、圆角矩形工具"▢"：这三种工具的应用基本相同，当单击工具按钮后，在绘图区直接拖动即可拉出相应的图形，在其辅助选择框中有三种选项，包括以前景色为边框的图形、以前景色为边框并以背景色填充的图形、以前景色填充但没有边框的图形，在拉动鼠标的同时按"Shift"键，可以分别得到正方形、正圆形、正圆角矩形工具。

·多边形工具"Δ"：利用此工具用户可以绘制多边形。选定颜色后，单击多边形工具按钮，在绘图区拖动鼠标左键，当需要弯曲时松开手，如此反复，到最后时双击鼠标，即可得到相应的多边形。

步骤4：图像及颜色的编辑。

在画图工具栏的"图像"菜单中，用户可对图像进行简单的编辑，下面来学习相关的内容：

（1）在"翻转和旋转"对话框内，有三个复选框：水平翻转、垂直翻转及按一定角度旋转，用户可以根据自己的需要进行选择，如图1.16所示。

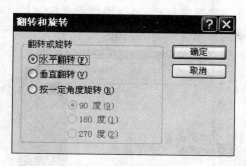

图1.16　"翻转和旋转"对话框

（2）在"拉伸和扭曲"对话框内，有拉伸和扭曲两个选项区，用户可以选择水平和垂直方向拉伸的比例和扭曲的角度,如图 1.17 所示。

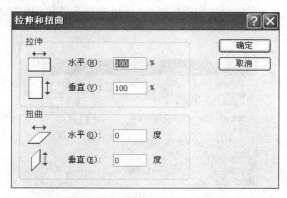

图 1.17　"拉伸和扭曲"对话框

　　(3) 执行"图像"菜单下的"反色"命令,图形即可呈反色显示,图 1.18 和图 1.19是执行"反色"命令后的两幅对比图。

图 1.18　"反色"前

图 1.19　"反色"后

（4）在"属性"对话框内，显示了保存过的文件的属性，包括保存的时间、大小、分辨率以及图片的高度、宽度等，用户可在"单位"选项区下选用不同的单位进行查看，如图 1.20 所示。

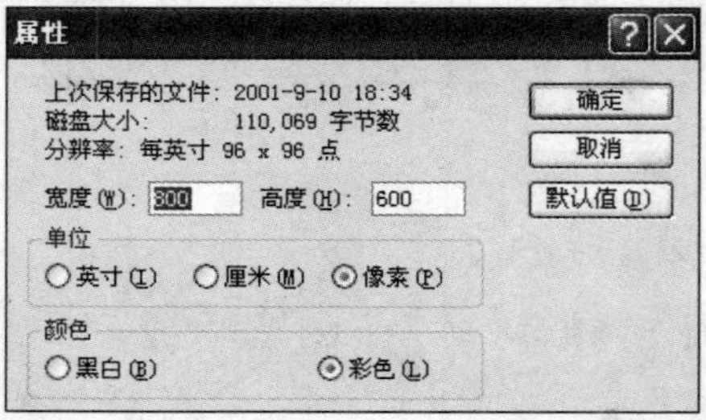

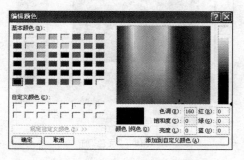

图 1.20　"属性"对话框

在生活中的颜色是多种多样的，在颜料盒中提供的色彩也许远远不能满足用户的需要，但"颜色"菜单中为用户提供了选择的空间，执行"颜色"→"编辑颜色"命令，弹出"编辑颜色"对话框，用户可在"基本颜色"选项区中进行色彩的选择，也可以单击"规定自定义颜色"按钮来自定义颜色，再点击"添加到自定义颜色"按钮将其添加到"自定义颜色"选项区中，如图 1.21 所示。

图 1.21　"编辑颜色"对话框

当用户的一幅作品完成后，可以将其设置为墙纸，还可以打印输出，具体的操作都是在"文件"菜单中实现的，用户可以直接执行相关的命令根据提示操作，这里不再过多叙述。

任务二：使用"写字板"程序

【分析与讨论】

"写字板"是一个使用简单但却功能强大的文字处理程序，用户可以利用它进行日常工作中文件的编辑。它不仅可以进行中英文文档的编辑，而且还可以图文混排,插入图片、声音、视频剪辑等多媒体资料。

步骤1:认识写字板。

当用户要使用写字板程序时,可执行以下操作:

在桌面上单击"开始"按钮,在打开的"开始"菜单中执行"程序"→"附件"→"写字板"命令,这时就可以进入"写字板"界面,如图1.22所示。

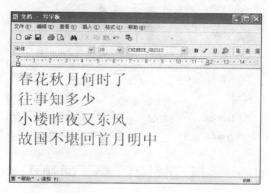

图1.22 "写字板"界面

从图中用户可以看到,"写字板"界面由标题栏、菜单栏、工具栏、格式栏、水平标尺、工作区和状态栏几部分组成。

步骤2:新建文档。

当用户需要新建一个文档时,可以在"文件"菜单中进行操作。执行"新建"命令,弹出"新建"对话框,用户可以选择新建文档的类型,默认的为 RTF 格式的文档。单击"确定"按钮后,即可新建一个文档进行文字的输入,如图1.23所示。

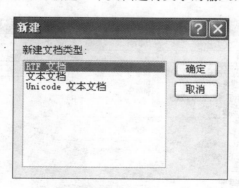

图1.23 "新建"对话框

设置好文件格式后,还要进行页面的设置,在"文件"菜单选择"页面设置"命令,弹出"页面设置"对话框,在其中用户可以选择纸张的大小、来源及使用方向,还可以进行页边距的调整,如图 1.24 所示。

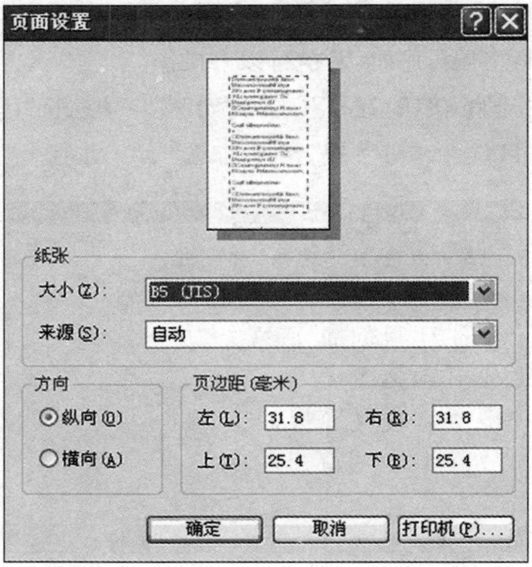

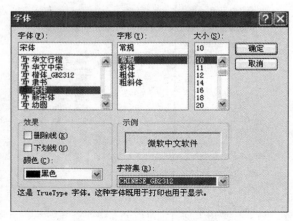

图 1.24　"页面设置"对话框

步骤 3：设置字体及段落格式。

当用户设置好文件的类型及页面后,就要进行字体及段落格式的设置了,比如若文件用于正式的场合,要选择庄重的字体,反之,可以选择一些轻松活泼的字体。

用户可以直接在格式栏中进行字体、字形、字号和字体颜色的设置,也可以利用"格式"菜单中的"字体"命令来实现,选择这一命令后,出现"字体"对话框,如图 1.25 所示。

图 1.25　"字体"对话框

（1）在"字体"的下拉列表框中有多种中英文字体可供用户选择，默认为"宋体"；在"字形"中用户可以选择"常规"、"斜体"等；在"大小"中，字号用阿拉伯数字标识的，字号越大，字体就越大，而用汉语标识的，字号越大，字体反而越小。

（2）在"效果"选项区中可以添加删除线、下划线，用户可以在"颜色"的下拉列表框中选择自己需要的字体颜色，"示例"中则显示了当前字体的状态，它随用户的改动而变化。

在用户设置段落格式时，可选择"格式"菜单中的"段落"命令，这时弹出一个"段落"对话框，如图 1.26 所示。

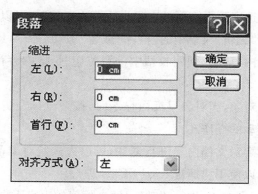

图 1.26　"段落"对话框

（1）缩进是指用户输入段落的边缘离已设置好的页边距的距离，可以分为以下三种：

- 左缩进：指输入的文本段落的左侧边缘离左页边距的距离。
- 右缩进：指输入的文本段落的右侧边缘离右页边距的距离。
- 首行缩进：指输入的文本段落的第一行左侧边缘离左缩进的距离。

在"段落"对话框中输入所需要的数值，它们都是以厘米为单位的，点击"确定"按钮后，文档中的段落会发生相应的改变。

调整缩进时，用户也可通过调节水平标尺上的小滑块的位置来改变缩进设置。

（2）在"段落"对话框中，有三种对齐方式：左对齐、右对齐和居中对齐。

当然，用户可以直接在格式栏上单击左对齐按钮"▤"、居中对齐按钮"▤"和右对齐按钮"▤"来进行文本的对齐。

有时，用户会编写一些属于并列关系的内容，这时，如果加上项目符号，可以使全文简洁明了，更加富有条理性。用户可以先选中所要操作的对象，然后执行"格式"→"项目符号样式"命令或者在格式栏上单击项目符号按钮"≡ ˅"来添加项目符号。

步骤 4:编辑文档。

编辑功能是写字板程序的灵魂,通过各种方法,比如复制、剪切、粘贴等操作,使文档能符合用户的需要,下面来简单介绍几种常用的操作:

• 选择:按下鼠标左键不放手,在所需要操作的对象上拖动,当文字呈反白显示时,说明已经选中对象。当需要选择全文时,可执行"编辑"→"全选"命令,或者使用快捷键"Ctrl+A"即可选定文档中的所有内容。

• 删除:当用户选定不再需要的对象进行清除工作时,可以在键盘上按下"Delete"键,也可以执行"编辑"菜单中的"清除"或者"剪切"命令,即可删除内容,所不同的是,"清除"是将内容放入到回收站中,而"剪切"是把内容存入了剪贴板中,可以进行粘贴还原。

• 移动:先选中对象,当对象呈反白显示时,按下鼠标左键拖到所需要的位置再放手,即可完成移动的操作。

• 复制:用户如要对文档内容进行复制,可以先选定对象,使用"编辑"菜单中的"复制"命令,也可以使用快捷键"Ctrl+C"来进行。

移动与复制的区别在于,进行移动后,原来位置的内容不再存在,而复制后,原来的内容还存在。

• 查找和替换:有时,用户需要在文档中寻找一些相关的字词,如果全靠手动查找,会浪费很多时间,利用"编辑"菜单中的"查找"和"替换"命令就能轻松地找到所想要的内容。这样,会提高用户的工作效率。

在进行"查找"时,可执行"编辑"→"查找"命令,弹出"查找"对话框,用户可以在其中输入要查找的内容,单击"查找下一个"按钮即可,如图 1.27 所示。

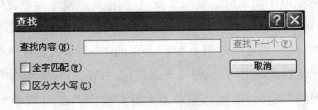

图 1.27 "查找"对话框

全字匹配:主要针对英文的查找,选择后,只有找到完整的单词后才会出现提示,而其缩写则不会被查找到。

区分大小写：当选择后，在查找的过程中，会严格地区分大小写。

这两项一般都默认为不选择，用户如需要时，可选中相应的复选框。

如果用户需要进行某些内容的替换时，可以执行"编辑"→"替换"命令，出现"替换"对话框，如图 1.28 所示。

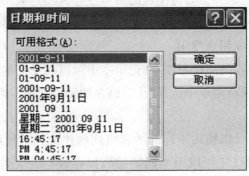

图 1.28 "替换"对话框

在"查找内容"文本框中输入原来的内容，即要被替换掉的内容，在"替换为"文本框中输入替换后的内容，输入完成后，单击"查找下一个"按钮即可查找到相关内容，再单击"替换"按钮可只替换一处的内容，单击"全部替换"按钮则在全文中都替换掉。

为了提高工作效率，用户可以利用快捷键或者通过在选定对象上右击后所产生的快捷菜单中进行选择，同样也可以完成各种操作。

步骤 5：插入菜单。

用户在创建文档的过程中，常常要进行时间的输入，利用"插入"菜单可以方便地插入当前的时间而不用逐条输入，而且可以插入各种格式的图片以及声音等。

用户在使用时，先选定将要插入的位置，然后执行"编辑"→"日期和时间"命令，弹出"日期和时间"对话框，在其中为用户提供了多种格式的日期和时间，用户可随意选择，如图 1.29 所示。

图 1.29 "日期和时间"对话框

在写字板中用户可以插入多种对象,当执行"插入"→"对象"命令后,即可弹出"插入对象"对话框,用户可以选择要插入的对象,在"结果"区域中显示了对所选项的说明,单击"确定"按钮后,系统将打开所选的程序,用户可以选择所需要的内容插入,如图 1.30 所示。

图 1.30　"插入对象"对话框

任务三:使用"记事本"程序

【分析与讨论】

"记事本"程序用于纯文本文档的编辑,功能没有写字板强大,适于编写一些篇幅短小的文件,由于它使用方便、快捷,应用得也是比较多的,比如一些程序的ReadMe文件通常是以记事本的形式打开的。

在 Windows XP 系统中的记事本程序又新增了一些功能,比如可以改变文档的阅读顺序,可以使用不同的语言格式来创建文档,能以若干不同的格式打开文件。

步骤:单击"开始"按钮,执行"程序"→"附件"→"记事本"命令,即可启动记事本,如图 1.31 所示,它的界面与写字板的基本一样。

关于记事本的一些操作几乎都和写字板一样,在这里不再过多讲述,用户可参照上节关于写字板的介绍来使用。

为了适应不同用户的阅读习惯,在记事本中可以改变文本的阅读顺序,在工作区域右击,在弹出的快捷菜单中选择"从右到左的阅读顺序",则全文的内容都移到了工作区的右侧。

在记事本中用户可以使用不同的语言格式创建文档,而且可以用不同的格式打开或保存文件。用户还可以用不同的编码保存或打开文件,如 ANSI、Unicode

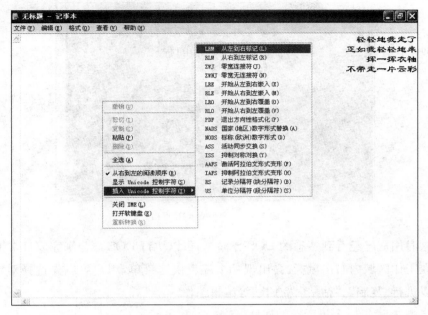

图 1.31 "记事本"界面

big endian、Unicode 或 UTF-8 等编码类型。当用户使用不同的字符集工作时,程序将文本默认保存为标准的 ANSI(美国国家标准学会)文档。

任务四:使用"命令提示符"工具

【分析与讨论】

"命令提示符"也就是 Windows 95/98 下的"MS-DOS方式",虽然随着计算机产业的发展,Windows 操作系统的应用越来越广泛,DOS 面临着被淘汰的命运,但是因为它运行安全、稳定,有的用户还在使用,所以一般 Windows 的各种版本都与其兼容,用户可以在 Windows 系统下运行 DOS,中文版 Windows XP 中的命令提示符进一步提高了与 DOS 下的操作命令的兼容性,用户可以在"命令提示符"窗口直接输入中文调用文件。

【操作步骤】

步骤 1:应用命令提示符。

当用户需要使用 DOS 时,可以在桌面上单击"开始"按钮,执行"程序"→"附件"→"命令提示符"命令,即可启动 DOS。系统默认的当前位置是 C 盘下的"我的文档",如图 1.32 所示。

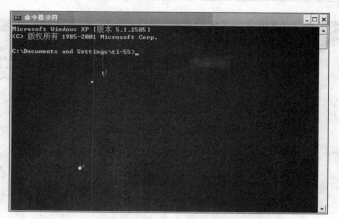

图 1.32 　"命令提示符"窗口

这时用户已经看到熟悉的 DOS 界面了,可以执行 DOS 命令来完成日常工作。

在工作区域内右击鼠标,会出现一个编辑快捷菜单,用户可以先选择对象,然后可以进行"复制"、"粘贴"、"查找"等编辑工作。

步骤 2:设置命令提示符的属性。

在"命令提示符"窗口中,默认的是白字黑底显示,用户可以通过"属性"来改变其显示方式、字体、字号等一些属性。

在"命令提示符"窗口的标题栏上右击,在弹出的快捷菜单中选择"属性"命令,这时进入"'命令提示符'属性"对话框。

(1) 在"选项"选项卡中,用户可以改变光标的大小,可以改变其显示方式,包含"窗口"和"全屏显示"两种方式,在"命令记录"选项区中可以改变缓冲区的大小和数量,如图 1.33 所示。

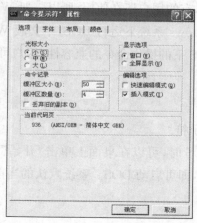

图 1.33 　"选项"选项卡

（2）在"字体"选项卡中，为用户提供了"点阵字体"和"新宋体"两种字体，用户还可以选择不同的字号。

（3）在"布局"选项卡中，用户可以自定义屏幕缓冲区大小及窗口大小，在"窗口位置"选项区中，可以选择窗口在显示器上所处的位置，如图 1.34 所示。

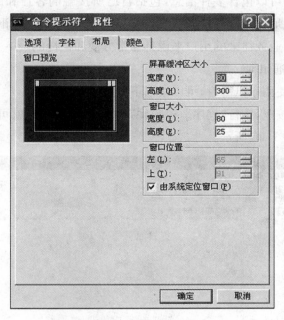

图 1.34　"布局"选项卡

（4）在"颜色"选项卡中，用户可以自定义屏幕文字、屏幕背景以及弹出窗口文字、弹出窗口背景的颜色，用户可以选择所列出的小色块，也可以在"选定的颜色值"选项组中输入精确的 RGB 比值来确定颜色，如图 1.35 所示。

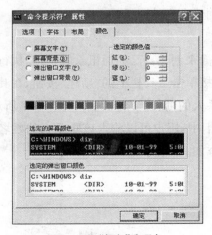

图 1.35　"颜色"选项卡

任务五:使用"通讯簿"程序

【分析与讨论】

在中文版 Windows XP 中,通讯簿的功能更加完善,用户可以用它来存储自己的通讯录,在其中可以包含多种信息,包括自己所接触的客户和团体的各种资料,比如电话、联系地址等等;还可以使用目录服务来管理用户的通讯簿并查寻个人和企业,这对经常有业务往来的用户来说是非常方便和快捷的。

步骤 1:认识通讯簿。

当用户需要使用通讯簿时,可以按以下方式进行操作:

单击"开始"按钮,执行"程序"→"附件"→"通讯簿"命令,就可以启动"通讯簿"程序,其界面如图 1.36 所示。

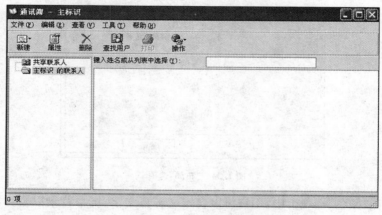

图 1.36 "通讯簿"界面

从图中可以看到,它由标题栏、菜单栏、工具栏、状态栏及文件夹和组等几部分组成,用户可以在其中创建自己的通讯录。

步骤 2:新建联系人。

当用户要利用通讯簿来创建自己的通讯录时,可以执行"文件"菜单中的"新建联系人"命令,也可以直接单击工具栏上的"新建"按钮,在其下拉列表中选择"新建联系人",这时弹出"联系人的'属性'"对话框,如图 1.37 所示。

(1) 在"姓名"选项卡中,用户可以输入该联系人的姓名、职务及电子邮件地址等相关信息,可以进行添加、删除等一些操作。

图 1.37　"联系人的'属性'"对话框

（2）在"住宅"选项卡中,用户可以详细地输入该联系人的家庭信息,包括电话、传真号码等,当计算机联网时,在"网页"选项中键入网址,单击"转到"按钮可以打开其主页进行浏览。

（3）在"业务"选项卡中,用户可以输入该联系人的业务上的一些信息,用户只要如实填写即可。

（4）在"用户"选项卡中,用户可以输入该联系人的一些个人信息,包括其配偶、子女、性别、生日等一些资料。

（5）在"其他"选项卡中,用户还可以添加该联系人的一些其他信息,如附注等。

（6）在"NetMeeting"选项卡中,用户可以记录该联系人的会议信息,如会议服务器、地址等。

（7）在"数字标识"选项卡中,用户可以添加、删除、查看此联系人的数字标识。

（8）当各种资料都填写好以后,用户单击"确定"按钮,即可成功创建一条联系人记录。

步骤 3:新建组。

用户在使用通讯簿的过程中,也许会输入好多条记录,会显得杂乱,难以管理,这时用户可以分门别类地将各个联系人添加到固定的组中,这样有利于资料的管理。

　　和新建联系人一样,在菜单或工具栏上执行"新建组"命令,即可弹出新建"组的'属性'"对话框,如图 1.38 所示。

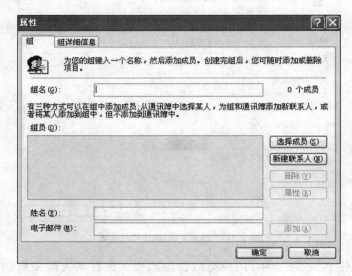

图 1.38　"组的'属性'"对话框

　　用户先输入组的名称,然后就可添加成员,当创建完毕后,如果需要改动,可随时进行各种添加或删除等修改。

　　在"组"选项卡中,用户有三种添加成员的方式:

　　·从通讯簿中选择某人添加。单击"选择成员"按钮,在弹出的"选择组成员"对话框中进行选择。

　　·用户可在此为组和通讯簿新建联系人。单击"新建联系人"按钮,即可弹出与上小节所述的一样的新建联系人的"属性"对话框,通过这种方式添加后,此联系人将同时在组和通讯簿里出现。

　　·用户也可只在组中添加成员,而不添加到通讯簿里。用户可直接在对话框下方的"姓名"、"电子邮件"文本框中输入资料,再单击"添加"按钮,即可成功添加此联系人。

　　在"组详细信息"中用户可以输入所要创建组的详细信息,单击"确定"按钮后,完成创建组的工作。

　　步骤 4:查找与排序。

　　为了使用户能在众多的联系人中快速找到所需要的资料,通讯簿还提供了查寻和排序功能,这样可以方便用户使用,提高工作效率。

在进行搜寻工作时,执行"编辑"菜单中的"查找用户"命令,或者在工具栏上直接单击"查找用户"按钮,这时出现"查找用户"对话框。

当"搜索范围"选择为"通讯簿"时,用户可以在下面的选项中输入相关条件,单击"开始查找"按钮,即可查找到所需要的内容。

在"搜索范围"的下拉列表框中还有基于互联网进行查找的选项,如果用户需要在网上查找更多的信息,可以选择其目录服务(Directory Service)选项,然后再定义查找的条件进行查找,如图1.39所示。

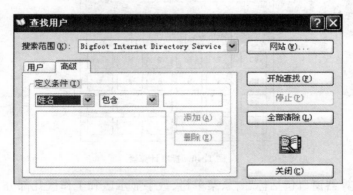

图1.39 "查找用户"对话框

为了方便查看和管理,有时用户需要进行排序的工作,这时可以执行菜单栏中的"查看"→"排序方式"命令,这里为用户提供了多种选择,如按姓名、电子邮件地址等顺序进行排列。当用户选定某种方式后,在详细信息栏中将出现一个凹下的三角形按钮,标明当前所选的状态。

此外,通讯簿还能与其他的程序建立联系,使用"文件"菜单中的"导入"或"导出"命令,可以把通讯簿文件、名片文件从别的程序导出,也可以把它们导入到别的程序中。

任务六:使用"计算器"程序

【分析与讨论】

"计算器"程序可以帮助用户完成数据的运算,它可分为"标准计算器"和"科学计算器"两种,"标准计算器"可以完成日常工作中简单的算术运算,"科学计算器"可以完成较为复杂的科学运算,比如函数运算等。运算的结果不能直接保存,而是被存储在内存中,以供粘贴到别的应用程序和其他文档中。它的使用方法与日常生活中所使用的计算器的方法一样,可以通过鼠标单击计算器上的按钮来取值,也可以通过从键盘输入来操作。

步骤 1:使用标准计算器。

在处理一般的数据时,用户使用标准计算器就可以满足工作和生活的需要了,单击"开始"按钮,执行"程序"→"附件"→"计算器"命令,即可打开"计算器"窗口,系统默认为标准计算器,如图 1.40 所示。

图 1.40　标准计算器

标准计算器窗口包括标题栏、菜单栏、数字显示区和工作区几部分。

工作区由数字按钮、运算符按钮、存储按钮和操作按钮组成,当用户使用时可以先输入所要运算的算式的第一个数,在数字显示区内会显示相应的数,然后选择运算符,再输入第二个数,最后选择"="按钮,即可得到运算后数值。在键盘上输入时,也是按照同样的方法,到最后按回车键即可得到运算结果。

当用户在进行数值输入过程中出现错误时,可以单击"Backspace"按钮逐个进行删除,当需要全部清除时,可以单击"CE"按钮,当一次运算完成后,单击"C"按钮即可清除当前的运算结果,再次输入即可开始新的运算。

计算器的运算结果可以导入到别的应用程序中,用户可以执行"编辑"→"复制"命令把运算结果粘贴到别处,也可以从别的地方复制好运算算式后,执行"编辑"→"粘贴"命令来在计算器中进行运算。

步骤 2:使用科学计算器

当用户从事非常专业的科研工作时,要经常进行较为复杂的科学运算,可以在标准计算器窗口中执行"查看"→"科学型"命令,即可弹出科学计算器窗口,如图 1.41所示。

图 1.41 科学计算器

此窗口增加了数基数制选项、单位选项及一些函数运算符号，系统默认的是十进制，当用户改变其数制时，单位选项、数字区、运算符区的可选项将发生相应的改变。

用户在工作过程中，也许需要进行数制的转换，这时可以直接在数字显示区输入所要转换的数值，也可以利用运算结果进行转换，选择所需要的数制，在数字显示区会出现转换后的结果。

另外，科学计算器可以进行一些函数的运算，使用时要先确定运算的单位，在数字区输入数值，然后选择函数运算符，再单击"="按钮，即可得到结果。

任务七：使用"程序兼容性向导"工具

【分析与讨论】

由于中文版 Windows XP 是新开发的操作系统，因此存在与其他应用程序是否兼容的问题，如果用户在使用该操作系统的过程中发现运行的应用程序出现问题，而该程序在 Windows 的早期版本工作正常，使用程序兼容向导将帮助用户选择和测试兼容性设置，对旧程序进行配置，以解决可能出现的问题。需要指出的是不能将此向导用于 Windows 旧版本的病毒检测、备份等等。

步骤 1：当用户要使用向导时，可单击"开始"按钮，执行"程序"→"附件"→"程序兼容向导"命令，这时会出现"程序兼容向导"对话框，单击"下一步"按钮开始进行程序的查找，如图 1.42 所示。

步骤 2：当用户选择"我想从程序列表中选择"单选项时，然后单击"下一步"按钮，会要求用户选择一个程序，在"选择一

图 1.42 "程序兼容向导"对话框之一

个程序"列表框中列出了所有的程序,用户可以选择出现问题的程序,如图 1.43 所示。

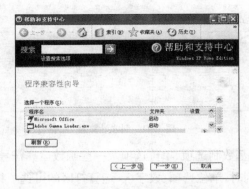

图 1.43　"程序兼容向导"对话框之二

用户也可以把程序光盘放入光驱中,选择"我想使用在 CD-ROM 驱动其中的程序"单选项,然后从光盘中进行选择。

用户如选择"我想手动定位程序"单选项,则系统要求键入到程序的快捷方式或可执行文件的路径,也可以单击"浏览"按钮,如图 1.44 所示,在打开的"请选择应用程序"对话框中进行选择。选择好程序后,单击"下一步"按钮。

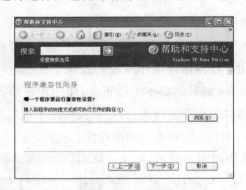

图 1.44　"程序兼容向导"对话框之三

步骤 3:这时系统会要求用户选择以前正确支持此程序的推荐操作系统,用户可以根据自己使用的经验选择一种兼容模式。

步骤 4:接下来的一步是选择程序的显示配置,如果用户所选的程序不是游戏或教育标题,可以不在这一项上进行选择,直接单击"下一步"按钮。

在下面进行的步骤中,用户可以根据自己的需要选择,当完成后,以后再使用该应用程序时一般不会再出现不兼容的问题。

　　此外,在附件中还有几项工具,由于它们使用时简单而方便,我们不在这里作过多的叙述,关于具体的操作,用户可选择相应的命令,然后根据提示即可完成。

　　"漫游 Windows XP"工具会引导用户了解它的新功能,在其中,系统提供了两种格式的教程,即动画教程和非动画教程,动画教程中包含文字、动画、音乐和声音,而非动画教程中只显示文字和图形,进入后用户可以选择所需要的内容进行查看。

　　使用"同步"工具可以更新脱机(即用户的计算机不在线)编辑过资料的网络副本,诸如文档、日历和电子邮件消息。

　　使用"TrueType 造字程序"工具可以修改字符如何在屏幕上显示。

拓 展 应 用

　　Windows XP 中自带的工具其实是很有用处的,在使用中可根据个人需要选择使用。

【课外练习】

一、选择题

1. "附件"中的"画图"程序是可以用来绘制编辑_____的程序,在绘图的过程中,如果需要改变前景色的颜色,可以在颜料盒中选择所需要的颜色后_____。

   A. 位图　　　　　　　　　　　B. 矢量图
   C. 右击　　　　　　　　　　　D. 单击

2. 如果某用户要使用"写字板"程序为好友写一封信,希望使用活泼一点的字体,可以执行_____在打开的对话框中进行字体的设置,其中用中文表示的字号越大,字体显示越_____。如想在其中插入一些小图片来表达祝福,他可以执行_____命令进行相关操作。

   A. "插入"→"对象"　　　　　　B. 大
   C. 小　　　　　　　　　　　　D. "格式"→"字体"

3. 要改变"命令提示符"窗口中屏幕文字的大小和颜色,可以右击_____,然后在弹出的快捷菜单中选择"_____"命令,即可进行相应的更改。

   A. 标题栏　　　　　　　　　　B. 窗口中任意位置
   C. 属性　　　　　　　　　　　D. 默认值

4. 在使用"通讯簿"程序时,为了便于各种联系人资料的管理,用户可以____
____,这样,所有的资料将分门别类地列出。

　A. 新建联系人　　　　　　　　B. 新建组

　C. 进行排序　　　　　　　　　D. 以上答案都不对

5. "附件"中的"计算器"程序默认的类型是_____,在进行计算器类型的切
换时可以使用"_____"菜单。

　A. 科学计算器　　　　　　　　B. 标准计算器

　C. 编辑　　　　　　　　　　　D. 查看

二、操作题

1. "写字板"是一个使用简单但却功能强大的文字处理程序,用户可以利用它
进行日常工作中文件的编辑。它不仅可以进行中英文文档的编辑,而且还可以图
文混排,插入图片、声音、视频剪辑等多媒体资料。请读者根据本章所讲的内容,进
行新建写字板文档及页面设置操作。

当用户需要新建一个文档时,可以在"文件"菜单中进行操作,执行"新建"命
令,弹出"新建"对话框,用户可以选择新建文档的类型,默认的为 RTF 格式的文
档。单击"确定"按钮后,即可新建一个文档进行文字的输入。

设置好文件格式后,还要进行页面的设置,在"文件"菜单执行"页面设置"命
令,弹出"页面设置"对话框,在其中用户可以选择张的大小、来源及使用方向,还可
以进行页边距的调整。

2. 在中文版 Windows XP 中,通讯簿的功能更加完善,用户可以用它来存储
自己的通讯录,在其中可以包含多种信息,包括自己所接触的客户和团体的各种资
料,比如电话、联系地址等等;还可以使用目录服务来管理用户的通讯簿并查寻个
人和企业,这对经常有业务往来的用户来说是非常方便和快捷的。请读者利用本
章所讲的内容,叙述新建通讯簿联系人的具体操作。

当用户要利用通讯簿来创建自己的通讯录时,可以执行"文件"菜单中的"新建
联系人"命令,也可以直接单击工具栏上的"新建"按钮,在其下拉列表中选择"新建
联系人",这时弹出联系人的"属性"对话框。

(1) 在"姓名"选项卡中,用户可以输入该联系人的姓名、职务及电子邮件地址
等相关信息,可以进行添加、删除等一些操作。

(2) 在"住宅"选项卡中,用户可以详细地输入该联系人的家庭信息,包括电
话、传真号码等,当计算机联网时,在"网页"选项中键入网址,单击"转到"按钮可以

打开其主页进行浏览。

（3）在"业务"选项卡中，用户可以输入该联系人的业务上的一些信息，用户只要如实填写即可。

（4）在"用户"选项卡中，用户可以输入该联系人的一些个人信息，包括其配偶、子女、性别、生日等一些资料。

（5）在"其他"选项卡中，用户还可以添加该联系人的一些其他信息，如附注等。

（6）在"NetMeeting"选项卡中，用户可以记录该联系人的会议信息，如会议服务器、地址等。

（7）在"数字标识"选项卡中，用户可以添加、删除、查看此联系人的数字标识。

（8）当各种资料都填写好以后，用户单击"确定"按钮，即可成功创建一条联系人记录。

模块二　网络新应用

　　近年来,随着计算机技术和通信技术的发展,出现了大量的网上商店,由于互联网提供了双向的交互通信,网上购物不仅成为可能,而且成为热门。网上购物突破了传统的障碍,无论对于消费者、企业还是市场都有着巨大的吸引力和影响力,在新经济时期无疑是达到"多赢"效果的理想模式。这种模式节省了客户和企业双方的时间、空间,大大提高了交易效率,节省了各类不必要的开支,因此这类模式得到了人们的认同,获得了迅速的发展。另外,目前基于网络的个人微博的发展正如火如荼,自从最早也是最著名的微博,美国的 Twitter 开通以来,根据相关公开数据,截至 2010 年 1 月,该产品在全球已经拥有 7 500 万注册用户。2009 年 8 月中国最大的门户网站新浪网推出"新浪微博"内测版,成为门户网站中第一家提供微博服务的网站,微博正式进入中文上网主流人群的视野。通过这一模块的学习,学生可以掌握主流的网络应用。

模块目标

【能力目标】

　　通过本模块的学习,能够学会如何在网上选购商品,怎么正确使用网上银行安全购物。通过操作实践,培养分析与自主探究学习的能力、解决实际问题的能力以及对新事物探究的能力。

【知识目标】

(1) 掌握网上购物的基本流程;

(2) 掌握搜索引擎的要点;

(3) 会注册账户;

(4) 学会网上支付;

(5) 认识微博;

(6) 学会开通微博;

(7) 学会添加关注;

(8) 学会发表微博;

（9）参与话题。

案例目录

案例一　注册淘宝用户

【案例介绍】

通常,我们要在网上购物时,必须注册用户。在本案例,我们通过淘宝用户的注册来熟悉用户的注册。

【案例分析】

要注册用户,必须要准备一个邮箱,还要想好容易记住的会员名和密码。

【操作步骤】

步骤 1:首先在打开的 IE 浏览器地址栏中输入淘宝网网址"http://www.taobao.com/",按回车键后进入网站主页,如图 2.1 所示。

图 2.1　淘宝网主页

步骤 2:单击淘宝网的主页面中的"免费注册"按钮,进入注册页面,如图 2.2 所示。

步骤 3:在注册页面填写基本账户信息,包括会员名、登录密码、验证码。

图 2.2　淘宝网注册页面

步骤 4：填写完账户信息后要仔细阅读淘宝网服务协议，然后单击"同意以下协议并注册"按钮进入到下一步。

步骤 5：在弹出的页面验证账户信息，选择国家/地区和填写手机号码，如图 2.3 所示；

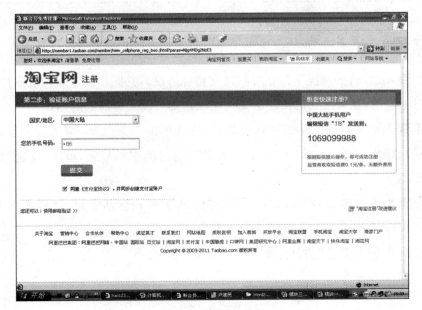

图 2.3　验证账户信息

或者单击页面下方的"使用邮箱验证 »"链接，进入邮箱验证页面输入自己的电子邮箱地址，如图 2.4 所示。

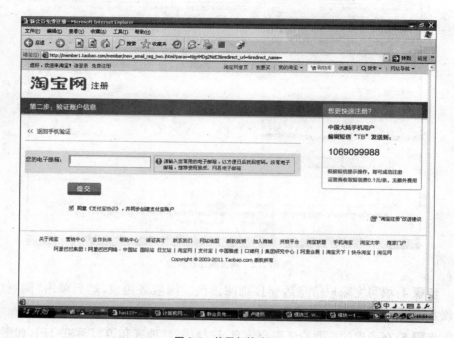

图 2.4 使用邮箱验证

🔔 **学习提示**：会员名及密码一定要记住，下次登录淘宝网时会用得到，电子邮箱一定要写正确，因为电子邮箱将成为淘宝网和你联系的主要方式。

步骤 6：默认的情况下是在"同意《支付宝协议》，并同步创建支付宝账户"复选框前打上勾的，如果想自己再注册支付宝账户则可以去掉前面的勾。

步骤 7：如果选择的是通过邮箱验证，则在单击" 提交 "按钮后会弹出一个对话框，如图 2.5 所示，在"手机号码"处填写自己的手机号码，单击"发送"按钮获取校验码。

步骤 8：在收到校验码后把校验码填上，再去邮箱激活账户，这样就在淘宝上注册好账户了，并已同步创建了支付宝账户。

步骤 9：进入支付宝账户，激活支付宝账户。

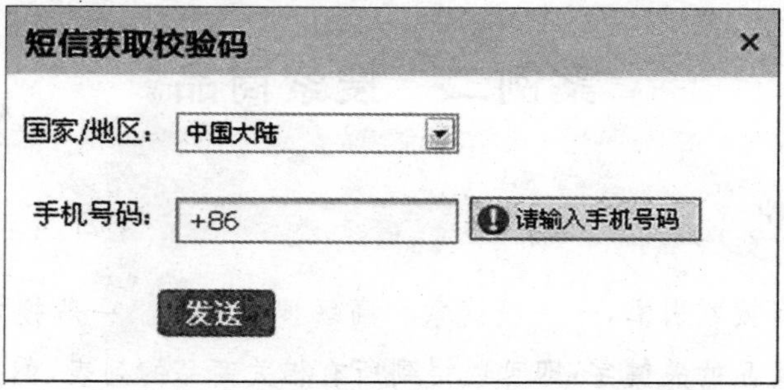

图 2.5 "短信获取校验码"对话框

案例二　搜索商品

【案例介绍】

淘宝网里有搜索引擎,分一般搜索和高级搜索两种。一般搜索是直接在搜索栏输入要查找商品的关键字,即可以得到所有相关商品的列表,然后在搜索的结果中挑选自己想要的商品。高级搜索页面有搜索宝贝、搜索店铺、搜索打听等选项卡,下面我们以高级搜索为例,简单介绍一下怎么在淘宝里搜索商品。

【案例分析】

使用高级搜索,要准备一个商品的关键字,知道这个商品是属于哪个行业的。注册成为会员后,我们就可以在淘宝网购买商品了,我们可以通过三种方式来搜索商品,下面分别来讲述。

【操作步骤】

任务一:直接搜索商品

步骤1:单击淘宝主页上的"高级搜索"按钮,进入到"高级搜索"界面,如图 2.6 所示。

图 2.6　"高级搜索"界面

步骤2:在"关键字"栏中输入你想要购买商品的关键字。

步骤3:在"类别"栏中单击下拉框选择你想要查找商品的类别,如图2.7所示。

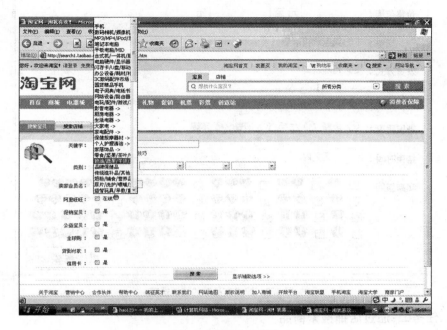

图 2.7 选择商品类别

步骤4:在"卖家会员名"栏中填写卖家名称,可以缩小搜索范围。

步骤5:在"阿里旺旺:在线"复选框中打勾,表示搜索的阿里旺旺用户都在线。

步骤6:在"公益宝贝:是"复选框中打勾,表示卖家在成交之后,会捐赠一定数目的金额给指定的慈善基金会,用于相关公益事业。

步骤7:在"全球购:是"复选框中打勾,表示汇聚了销售海外优质商品的卖家,真正满足了消费者"足不出户,淘遍全球"的心愿。

步骤8:在"货到付款:是"复选框中打勾,表示由快递公司代收买家货款,之后再转到卖家账户里去。

步骤9:在"信用卡:是"复选框中打勾,表示买家持信用卡消费时无须支付现金,待结账日时再行还款。

步骤10:当单击" 显示辅助选项 >> "时,显示如图2.8所示。

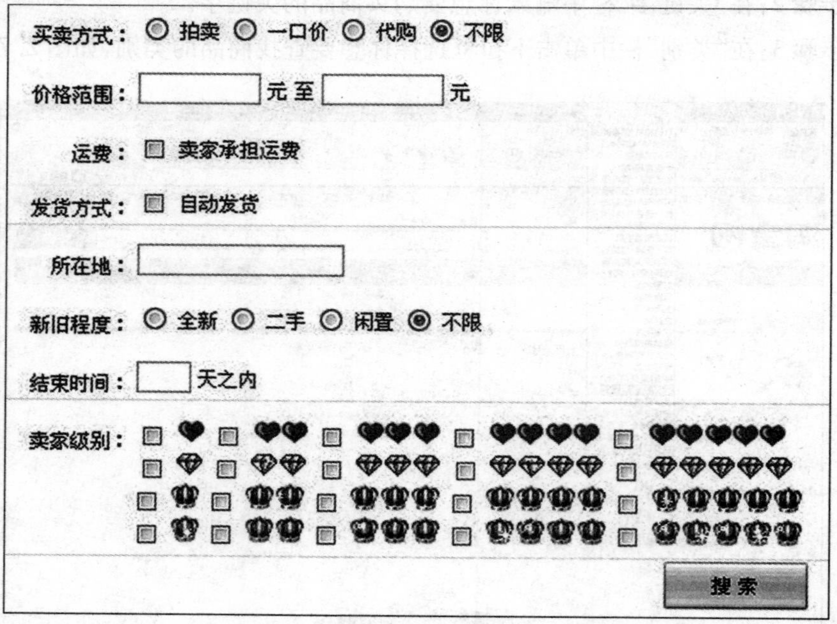

图 2.8　搜索商品时的辅助选项

任务二:通过店铺搜索商品

　　步骤:当单击"　搜索店铺　"按钮时,显示如图 2.9 所示的界面,可以通过搜索店铺或掌柜名来查找相关商品。

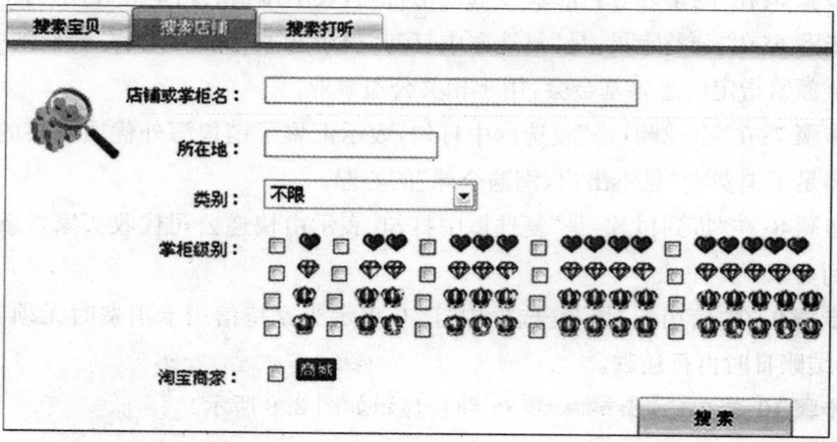

图 2.9　"搜索店铺"界面

任务三:通过打听来搜索商品

步骤:当单击“搜索打听”按钮时,显示如图 2.10 所示的界面,可以在这里打听各类信息,也可以回答其他会员打听的问题。有任何疑问,一打听就知道。

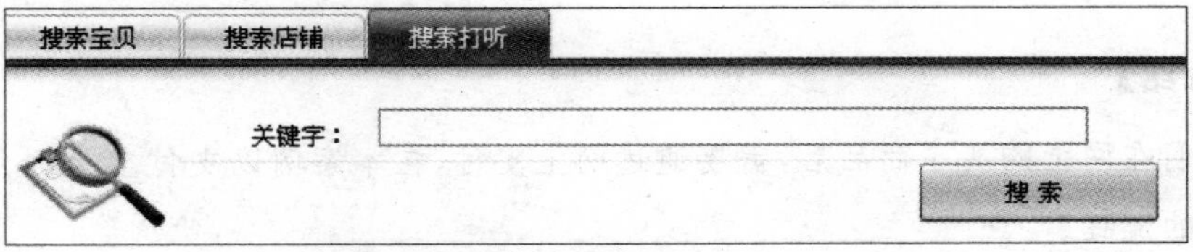

图 2.10　“搜索打听”界面

案例三　支付宝支付流程

【案例介绍】

我们在网上购买了商品后,需要通过网上支付,在本案例以支付宝为例介绍网上支付的流程。

【案例分析】

要准备一个已经开通网上银行的账户以及一个已注册的支付宝账户。

【操作步骤】

步骤 1:选择你要购买的商品,点击"立即购买"按钮,如图 2.11 所示。

图 2.11　选择要购买的商品

步骤 2:填写收货地址、购买数量、基本信息,如图 2.12 所示。

步骤 3:使用支付宝账户余额支付,如无余额可在支付向导中选择支付方式,如图 2.13 所示。

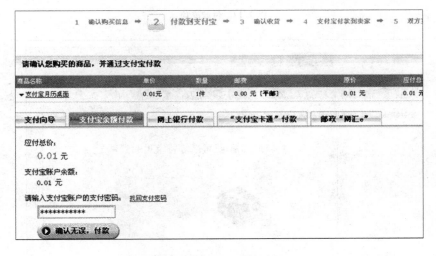

图 2.12　填写购买与收货信息

图 2.13　通过支付宝付款

步骤4：付款成功，如图2.14所示。

步骤5：等待卖家发货，收到货物后，登录支付宝"确认收货"，如图2.15所示。

步骤6：登录"支付宝"系统，在"交易管理"选项卡中点击"确认收货"按钮付款给卖家，如图2.16所示。

步骤7：输入支付密码，确认付款，如图2.17所示。

步骤8：成功付款给卖家，交易成功，如图2.18所示。

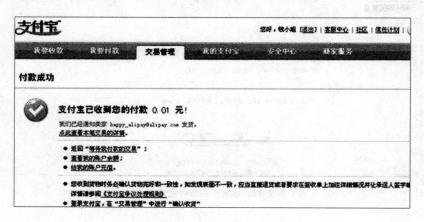

图2.14　付款成功

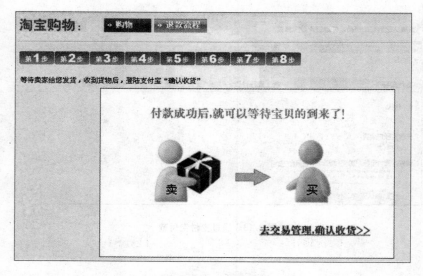

图2.15　等待卖家发货

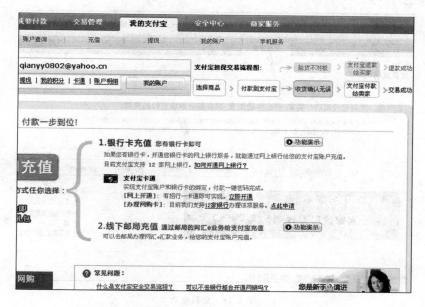

图 2.16

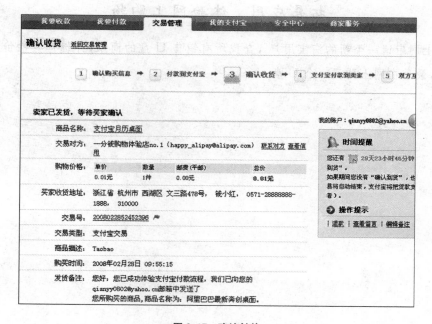

图 2.17 确认付款

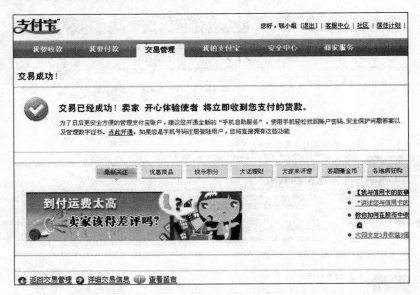

图 2.18　交易成功

拓展应用　体验网上购物

上网申请一个新的淘宝用户，查找所有销售 U 盘的商家，并选择其性价比最高的，最后在网上购买一个 U 盘。

案例四 开通微博、添加关注

【案例介绍】

微博是以网络为载体,简易、迅速、便捷地发布自己的心得,及时、有效、轻松地与他人进行交流,再集丰富多采的个性化展示于一体的综合性平台。从理论上讲,微博是"一种表达个人思想、网络链接、内容,按照时间顺序排列,并且不断更新的出版方式"。今天就让我们一起来学习如何开通自己的微博,开通微博后如何添加关注?

【案例分析】

进入 21 世纪,一种新的信息管理和发布工具逐渐被大家所接受和使用,它就是微博。通过本案例的学习,同学们可以掌握通过网络如何打开指定的网页,如何在指定的网页查找我们需要的信息,以及如何阅读、上传和下载图片与资料等内容。

【操作步骤】

步骤1:打开新浪微博主页。

打开 IE 浏览器,在地址栏中输入"http://weibo.com",按回车键后进入网站主页,如图 2.19 所示。

图 2.19 新浪微博主页

步骤 2:注册微博账号。

单击主页中的"立即注册微博"按钮,进入注册页面,如图 2.20 所示。在打开的页面中输入自己的电子邮箱地址,创建微博密码并确认密码,并且输入验证码之后单击页面中的"立即注册"按钮,系统会发送一封确认邮件至注册时填写的电子邮箱,如图 2.21 所示。

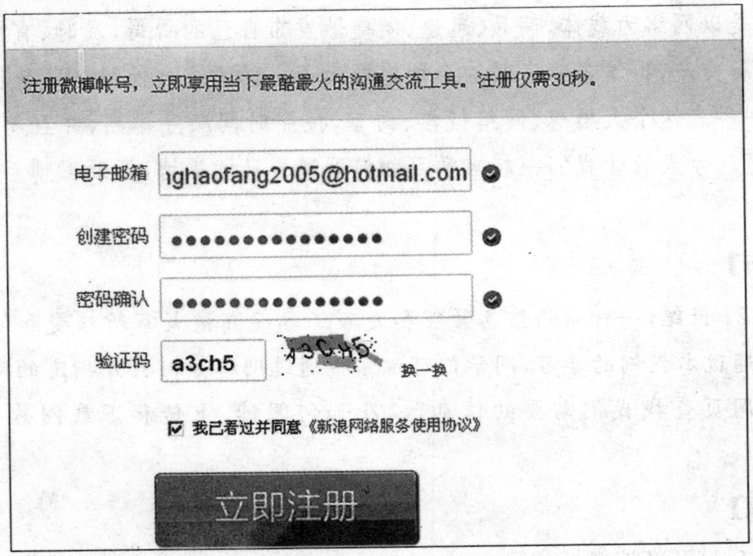

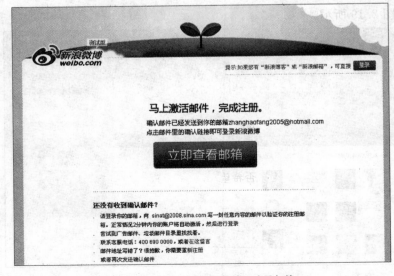

图 2.20　新浪微博注册页面

图 2.21　系统发送确认邮件至注册邮箱

步骤 3: 激活邮件,完成注册。

单击页面中的"立即查看邮箱"按钮,跳转至如图 2.22 所示的邮箱登录页面。输入密码,登录邮箱,如图 2.23 所示。查看邮件,如图 2.24 所示。打开确认邮件,单击注册确认链接,如图 2.25 所示。

图 2.22　邮箱登录页面

图 2.23　邮箱登录成功

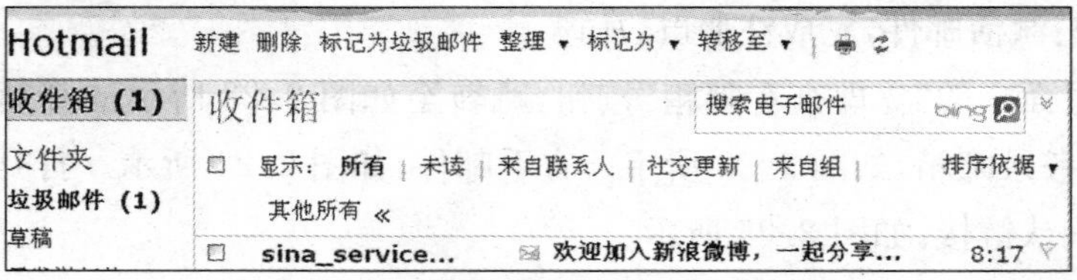

图 2.24　收件箱

感谢你注册新浪微博！

你的登录名为:zhanghaofang2005@hotmail.com

请马上点击以下注册确认链接，激活你的新浪微博帐号！

http://weibo.com/reg/reg_active.php?
username=zhanghaofang2005@hotmail.com&rand=fe1dac14775b22dda598346c2228c3b2
(该链接在48小时内有效，48小时后需要重新注册)

如果通过点击以上链接无法访问，请将该网址复制并粘贴至新的浏览器窗口中。

如果你错误地收到了此电子邮件，你无需执行任何操作来取消帐号！此帐号将不会启动。

这只是一封系统自动发送的邮件，请不要直接回复。

新浪微博

2011-04-08

图 2.25　确认邮件

步骤 4:开通微博，添加关注。

如图 2.26 所示，填写带"﹡"号的信息，输入验证码，单击页面中的"开通微博"按钮，此时你的微博就开通啦！

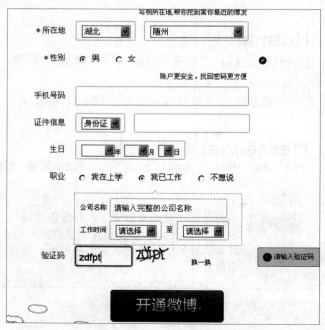

图 2.26　填写个人资料

开通后，系统会为你推荐用户，如图 2.27 所示，勾选你感兴趣的博友，单击"关注已选用户"按钮，添加关注成功，如图 2.28 所示。

图 2.27 选择要关注的用户

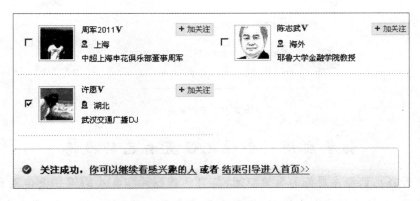

图 2.28 添加关注成功

步骤 5：发表微博，参与话题。

打开 IE 浏览器，在地址栏输入"http：//weibo.com/2075972071"，登录微博，如图 2.29 所示，在光标位置输入你要发表的内容，点击"发布"按钮，就可以发表微博啦！

在打开的页面中，找到自己感兴趣的话题，点击"评论"按钮，如图 2.30 所示，就可以参与话题啦！

图 2.29 发表微博

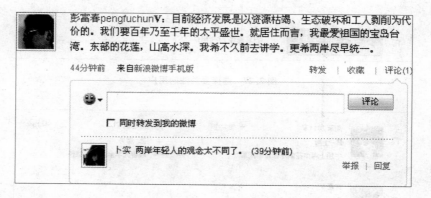

图 2.30 参与话题

拓展应用 个性化设置自己的微博

打开自己已经注册好的微博空间,将自己的照片和喜欢的图片上传到自己的微博空间,并修改微博个人资料,设置自己的微博空间,使其个性化(添加图片、修改版式、添加背景音乐等)。

模块三 文字处理软件 Word 2007

Office 2007 是微软 Office 产品史上最具创新与革命性的一个版本,具有全新设计的用户界面,稳定安全的文件格式,无缝高效的沟通协作。最早的基于 Windows 平台的 Office 产品是 1989 年的 Word 1.0,17 年来,Office 不断发展壮大,到最新的 Office 12(即 Office 2007),整个体系里面已经至少包含了 13 个桌面端应用组件和 5 个服务器端组件。Word 2007 是中文版 Office 2007 的组件之一,在最新的 Word 2007 中,文档的审批、批注和对比等功能有了很大增强。此外,你还可以轻松创建出具有专业水准的文档,快速生成精美的图示,快速美化图片和表格,甚至还能直接发表 blog,创建书法字帖。

本模块将各知识点巧妙地蕴含在相关案例和现场解答中。案例都是经过精心挑选的,而且知识点安排合理,能让学习者循序渐进地学习 Word 2007 软件的功能和利用它进行文档处理的方法,使学习者从对文档处理一无所知,到轻松应对各种文档的编排工作。

模块目标

【能力目标】

通过本模块的学习,能够运用 Word 2007 的相关功能编排文档、排版表格、制作图形以及设计毕业论文、留言本、名片、广告宣传单等,具备一定的文字处理、图文混排、协同合作的编排能力。

【知识目标】

通过本模块的学习,要求同学们能够达到以下几个方面的目标:

(1) 认识了解 Word 2007 文字处理软件;

(2) 熟悉 Word 2007 的界面组成、Word 2007 的启动与退出;

(3) 掌握文档的录入、编辑、排版;

(4) 掌握 Word 中表格的插入、删除及排版;

(5) 掌握 Word 的图文混排;

(6) 掌握 Word 文档的保存、页面设置和打印等操作。

案例目录

案例一　制作公司招聘启事

【案例介绍】

两年后,大多数同学都将走上工作岗位,在竞争如此激烈的今天,要想在招聘现场取得双赢的结果,除了应聘者的能力之外,也离不开招聘单位的努力。为了能快速地招到符合要求的员工,招聘单位也会在招聘启事上多做功课。下面我们一起来学习一下随州电信公司在 2010 年 11 月初发的一份招聘启事。如图 3.1 所示。

随州电信招聘启事

因业务发展需要,湖北省电信实业集团公司随州市分公司特向社会公开招聘营业员若干名,具体要求如下:

一、　招聘范围:

随州市区及乡镇的待业人员。

二、　招聘条件:

◆　男女不限,年龄 25 周岁以下,身高 1.60 以上。品貌端正、亲和力强、身体健康、遵纪守法。

◆　大专及以上文化程度。

◆　音质条件好,普通话标准,口齿清楚。

◆　有较强的文字、语言表达能力和沟通能力。

三、　用工性质:

为随州市劳动保障事务代理中心合同制员工,派遣至湖北省电信实业集团公司随州市分公司。

四、待遇:

工资报酬按照用工单位派遣制员工薪酬管理办法执行。享受养老、医疗等五大保险及公积金。

五、　报名方式:

应聘者请将本人简历(请写明联系电话)、身份证复印件、失业证复印件、学历证书复件及一寸照片一张,于 11 月 20 日前寄至随州市解放路 100 号湖北电信实业集团公司随州市分公司综合办 305 室收。

联系电话:3233562

湖北省电信实业集团公司随州市分公司

2011 年 11 月 2 日

图 3.1　随州电信招聘启事

【案例分析】

公司招聘人才,一般须写招聘启事,告知想要招聘的人,求职者也可以根据此招聘启事前来应聘。本案例就是运用 Word 2007 的文字排版功能,对"启事"的内容做字体格式和段落格式以及添加艺术字等方面的设置,以期能够快速招聘到符合要求的人才。

【操作步骤】

任务一:环境准备

步骤:准备好装有 Word 2007 的多媒体电脑一台。

任务二:新建一个 Word 文档,并录入招聘启事的内容

步骤1:启动 Word 2007 程序,创建一个以"文档1"命名的新文档。

(1)单击任务栏上的"开始"→"所有程序"→"Microsoft Office"→"Microsoft Office Word 2007",或者双击桌面上"Microsoft Office Word 2007"的快捷方式图标,即可启动 Word 2007。

(2)启动后的界面如图 3.2 所示。

图 3.2　Word 2007 界面

步骤2:录入招聘启事的文字内容,如图 3.3 所示。

任务三:格式化设置

步骤1:设置标题"随州电信招聘启事"为黑体加粗、二号字,并居中显示。

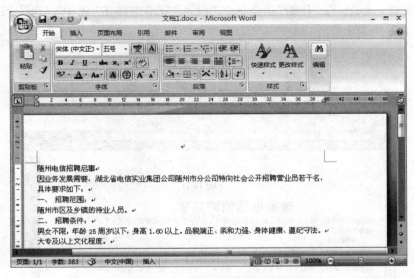

图 3.3 录入招聘启事的文字内容

（1）选定标题，在"开始"功能区的"字体"分组中选择"黑体"、"二号"、"加粗"，如图 3.4 所示。

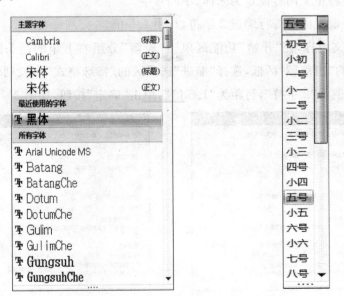

图 3.4 "字体"、"字号"下拉列表框

　　(2) 选定标题,在"开始"功能区的"段落"分组中单击"居中""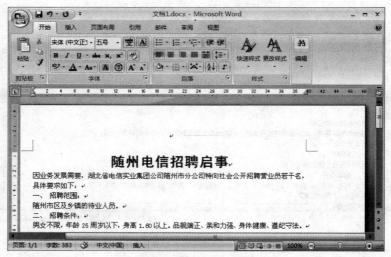"按钮,如图 3.5 所示。

图 3.5　设置标题居中

步骤 2:将正文内容设置为宋体、小四号字。

步骤 3:设置段落首行缩进 2 字符,行距 1.5 倍。

　　选定正文内容,在"开始"功能区单击"段落"分组右下角的箭头图标,弹出如图 3.6 所示的"段落"对话框,选择"缩进"选项区的"特殊格式"下拉列表框里的"首行缩进",磅值为"2 字符",行距为"1.5 倍",单击"确定"按钮,如图 3.7 所示。

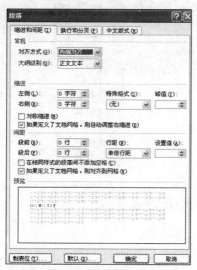

图 3.6　"段落"对话框

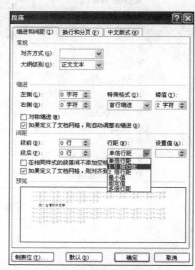

图 3.7　设置段落格式

步骤 4：将招聘启事的落款部分设置为右对齐。

选定落款部分的联系电话、公司名称、日期等内容，在"开始"功能区的"段落"分组中单击"右对齐"按钮"▤"。

步骤 5：为该招聘启事添加艺术字效果，艺术字的内容为"随州电信期待您的加入"，文字环绕方式为紧密型。

（1）在"插入"功能区的"文本"分组中单击"艺术字"的三角下拉按钮，出现如图 3.8 所示的艺术字样式库。

图 3.8　艺术字样式库

（2）单击艺术字样式库中的"艺术字样式 30"（第 5 行第 6 列），弹出如图 3.9 所示的"编辑艺术字文字"对话框，选择"宋体"、"36"号，文本内容为"随州电信期待您的加入"，单击"确定"按钮。

选定艺术字，单击右键，选择"设置艺术字格式"命令，弹出如图 3.10 所示的"设置艺术字格式"对话框，在"大小"选项卡里设置高度绝对值为"2.54 厘米"，宽度绝对值为"12.7 厘米"，单击"确定"按钮，即可看到如图 3.11 所示的艺术字效果。

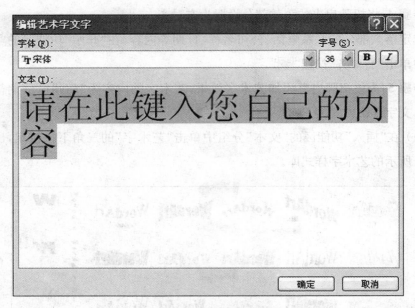

图 3.9　"编辑艺术字文字"对话框

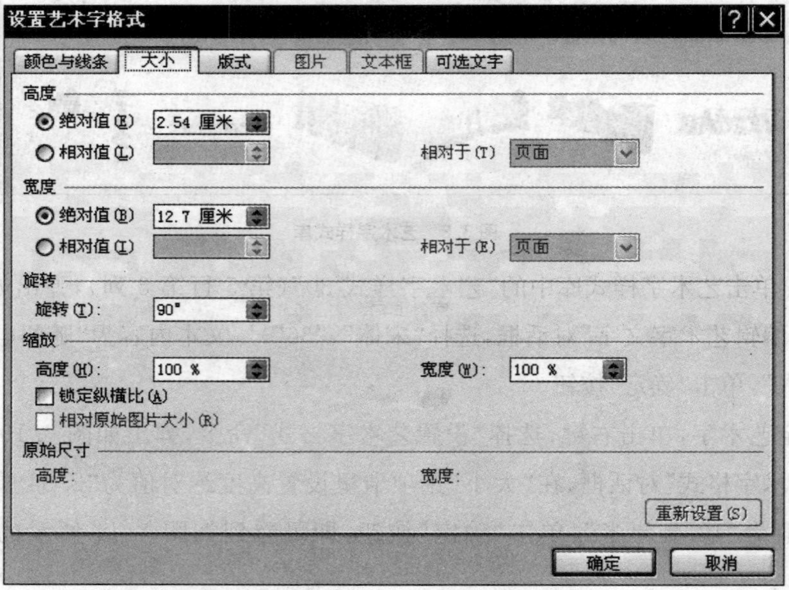

图 3.10　"设置艺术字格式"对话框

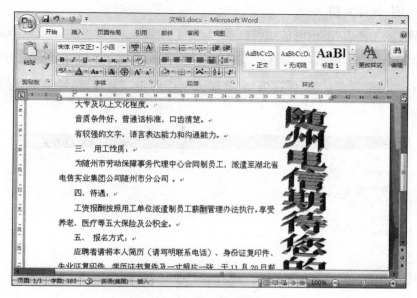

图 3.11　添加了艺术字后的文档

💡 **学习提示**：在图 3.11 所示的"设置艺术字格式"对话框中可以同时对艺术字的"颜色与线条"、"大小"、"版式"作相关的格式设置，以期得到更好的艺术字效果。

💡 **学习提示**：设置艺术字格式的另外一种方法：单击添加的艺术字，主功能区出现"艺术字工具"功能区，如图 3.12 所示，在此功能区的"文字"分组中可以编辑艺术字的内容、艺术字的间距等；在"艺术字样式"分组中可以更改艺术字的样式、形状、填充颜色等；在"排列"分组中可以设置艺术字的环绕方式、位置等；在"大小"分组中设置艺术字的高度和宽度等等。

图 3.12　"艺术字工具"功能区

任务四：保存文档

步骤：将文档以"随州电信招聘启事"为文件名保存。

在 Office 按钮功能区上单击"![保存]"按钮，弹出如图 3.13 所示的"另存为"对话框。选择文档的保存位置、保存类型，并输入文档的正式名称，最后单击"保存"按钮即可。

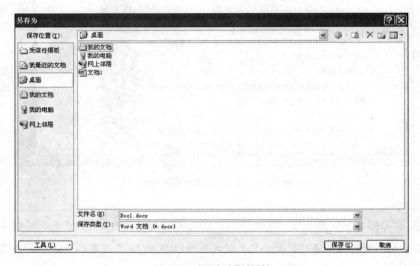

图 3.13　"另存为"对话框

💡**学习提示：**保存文档的方法有三种：一是单击 Office 按钮功能区的"保存"按钮，二是通过"文件"菜单中的"保存"命令，三是用快捷键"Ctrl＋S"来保存。同学们可以根据自己的习惯和实际情况选择方便、快捷、准确的保存方式。

拓展应用　编辑排版《瑞雪》

下图所示为 Word 初级应用的一个范例，内容涉及文本的录入、字体和段落格式的设置、边框和底纹的添加等，每个部分都提出了具体的要求，同学们可以根据具体情况参照练习。

瑞　雪

大雪整整下了一夜。早晨，天放晴了，太阳出来了。

山川、树木、房屋，全都罩上了一层厚厚的雪，万里江山变成了粉妆玉砌的世界。落光了叶的柳树上，挂满了毛茸茸、亮晶晶的银条儿；冬夏常青的松树和柏树，堆满了蓬松松、沉甸甸的雪球。

大街上的积雪有一尺多深，脚踩上去发出咯吱咯吱的响声。一群群孩子在雪地上堆雪人，掷雪球。那欢乐的叫喊声，几乎把树枝上的积雪震落下来。

俗话说，"瑞雪兆丰年"

山川、树木、房屋，全都罩上了一层厚厚的雪，万里江山变成了粉妆玉砌的世界。落光了叶的柳树上，挂满了毛茸茸、亮晶晶的银条儿；冬夏常青的松树和柏树，堆满了蓬松松、沉甸甸的雪球。

大街上的积雪有一尺多深，脚踩上去发出咯吱咯吱的响声。一群群孩子在雪地上堆雪人，掷雪球。那欢乐的叫喊声，几乎把树枝上的积雪震落下来。

图 3.14　范例文本

案例二　有趣的案例——太空趣事

【案例介绍】

　　每个人都有梦想，它是人人所向往的。我们国家神舟七号载人飞船发射成功，浩瀚太空首次留下中国人的足迹，我感到非常自豪。"我有一个梦想，让我去太空翱翔，这样我就可以看到我们的地球……"。那么就让我们跟随约瑟夫·P·阿伦和拉塞尔·马丁的脚步一起去了解一下太空里的那些有趣的事吧！如图3.15所示。

太空的*趣事*

美国宇航员约瑟夫·P·阿伦和拉塞尔·马丁共著了一本名叫《身临其太空》的书，记录了他们的一些有趣的经历，这里选辑了一些，以供读者。

　　在成年人看来，餐桌上小孩的一举一动都是那么蠢钝，然而在他自己升入太空，在失重的情况下喝点什么的时候，他也是这么狼狈。在太空里没有上下之分，将盛有桔子水的杯碗放到嘴边，桔子水是不会从命流进嘴里去的。要喝桔子水得有一支特别的吸管，对着插在桔子水里的吸管吸动，水才会流进嘴里。一旦桔子水被吸动，它就会不管你是否还在吸吮，一个劲儿地向你的嘴里流去。只有当你关上吸管上的截流阀时，水才会倒流到原来的器皿中去。附在吸管壁上的残留珠滴会在你的嘴移开之后游离飘动。偶然从哪里拂来的小小的气流会驱使它在船舱内飘飘然飞动，这颗飘飞在太空中的"桔子水小星体"在碰到某一个面对会变成一个半球形附留在面上，直至有人把它用布揩去或者蒸发掉。

◆　浆于水有这么个特点，致使宇航员无法在上面洗澡。要沾湿毛巾抹身或洗手，就得在舱室内壁上一个特制的圆球形的器械里才能进行。

◆　对于初上**太空**的人来说，失重是一堂既奇怪又饶有情趣的一课。**太空**飞行老手最爱看新手们在这里一再碰壁的情景？因为习惯了地球上使动的行动，因而当他们想从原来的地方移动到别处时，因用力过猛而重重撞到要去方向的墙壁上。在心神未定，来不及抓住一个固定把手时，就又被弹向原来所在的方向上，重新碰撞到那边的墙壁。要过几天，待掌握了失重的活动规律之后才能幸免。

◆　在飞船上活动应只使小小的劲把自己从坐位上弹起，忍住动向要去的方向飘去。快到目的地时，身体应有正确的定位姿势（或立姿或坐姿）。看准之后，立即将一只腿插到固定在那位置上的攀沿套里去，双手紧抓住那里的固定把手。

大　为在太空中睡觉不存在什么难处，想偷懒的人也可以耍花招，在地球上要这样做是很容易露出马脚的。因为人稍一打盹儿，重力会把你的头耷拉下来，弄不好还会碰痛脑袋呢！

或者，手中的铅笔一掉，就会令你从睡觉中惊醒。在太空里则不一样。这里不讲究睡姿，闭上眼睛你就可保持原状安然睡去。地面观察的人还可以为你仍在聚精会神，只是不爱说话而已。

　　　　　想上太空，☎咨询：　010--98698989

图3.15　案例文章

【案例分析】

　　本案例摘选自美国宇航员约瑟夫·P·阿伦和拉塞尔·马丁共著的一本名叫《射向太空》的书。文章共有六段内容,要求在熟悉 Word 2007 窗口的基础上,运用 Word 2007 的相关功能,分别从字体、段落、格式三个方面对文章进行了设计修改,最终以一个美观、大方的效果呈现在大家面前。同学们可以在教师的讲解、指导下完成本案例的操作,掌握 Word 的文字处理技术。

【操作步骤】

　　任务一:创建一个 Word 文档,并编辑内容

　　步骤 1:启动 Word 2007 程序,创建一个以"文档 1"命名的新文档。

　　(1)单击任务栏上的"开始"→"程序"→"Microsoft Office"→"Microsoft Office Word 2007",或者双击桌面上"Microsoft Office Word 2007"的快捷方式图标,即可启动 Word 2007。

　　(2)启动后的界面如图 3.16 所示。

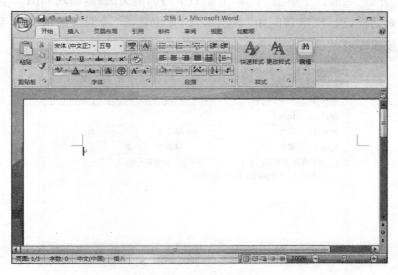

图 3.16　Word 2007 界面

　　步骤 2:录入《太空的趣事》的文字内容,如图 3.17 所示。

　　任务二:文档格式化

　　步骤 1:将标题"太空的趣事"中的"太空的"设为宋体、四号字、绿色,并加绿色双下划线;"趣事"设为宋体、三号字、绿色,并设置其字符间距的位置为降低 6 磅。

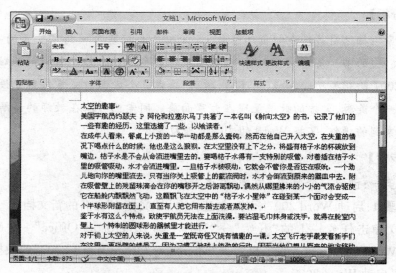

图 3.17　录入《太空的趣事》的文字内容

在"开始"功能区中单击"字体"分组右下角的箭头图标,出现如图 3.18 所示的
"字体"对话框,选择"字符间距"选项卡,设置位置为"降低",磅值为"6 磅",单击
"确定"按钮即可。

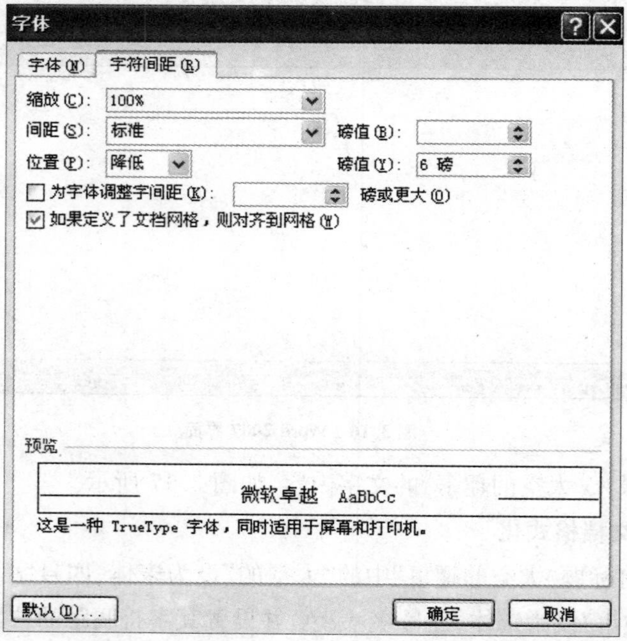

图 3.18　"字体"对话框

步骤 2:将文章的六个段落分别设置为首行缩进 2 个字符,并为第一段加浅色下斜线。

(1) 分别选定文档的六个段落,在"开始"功能区中单击"段落"分组右下角的箭头图标,显示如图 3.19 所示的"段落"对话框,选择"缩进和间距"选项卡的"缩进"选项区里的"特殊格式"下拉列表框中的"首行缩进",磅值为"2",单击"确定"按钮。

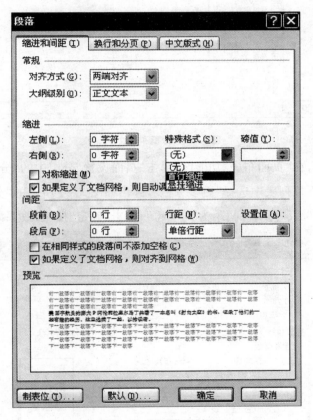

图 3.19　"段落"对话框

(2) 选定第一段,在"页面布局"功能区的"页面背景"分组中单击"页面边框"按钮,弹出如图 3.20 所示的"边框和底纹"对话框,选择"底纹"选项卡下的"图案"→"样式"→"浅色下斜线",单击"确定"按钮即可。

步骤 3:将第二段分三栏,设置栏间距为 4 字符,栏宽为 12.63 字符。

分栏是指在同一页面中,将文档分成几个竖向区域,且内容彼此连接。先选定

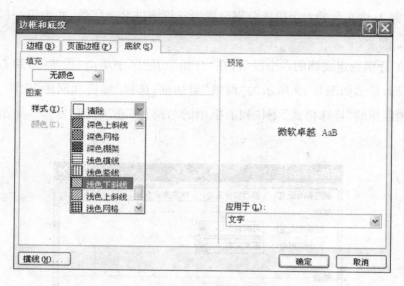

图 3.20 "边框和底纹"对话框

要分栏的段落,在"页面布局"功能区,单击"页面设置"分组中的"分栏"三角下拉按钮,在弹出的下拉列表中选择"更多分栏",弹出如图 3.21 所示的"分栏"对话框,设置栏宽为"12.63 字符",栏间距为"4 字符",单击"确定"按钮,效果如图 3.22 所示。

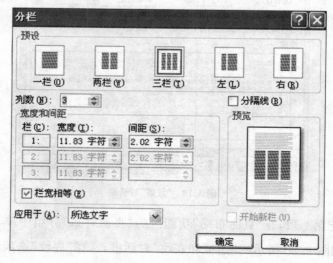

图 3.21 "分栏"对话框

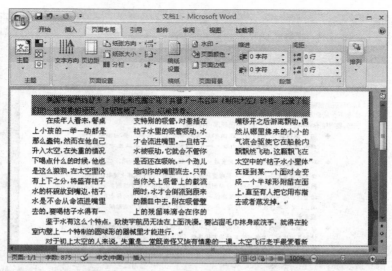

图 3.22　设置分栏后的效果

步骤 4:将第三段设为隶书、小四号字；第四、五段设为楷体、五号字；第四段的"太空"设为楷体、四号字、加下划线，并为这三个段落添加项目符号。

在"开始"功能区的"段落"分组中单击"项目符号"下拉三角按钮，出现如图 3.23 所示的"项目符号库"面板，选择"菱形"即可得到如图 3.24 所示的效果。

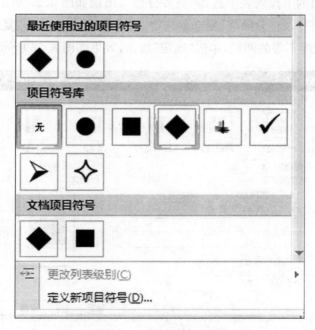

图 3.23　"项目符号库"面板

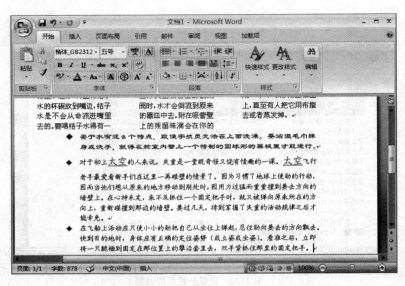

图 3.24　添加项目符号后的效果

步骤 5：将第六段分为两栏，设为不等栏宽，间距为 4 字符，加分隔线显示，并设置首字下沉效果，下沉行数为 4 行，字体为黑体。

（1）选定段落，在"页面布局"功能区的"页面设置"分组中单击"分栏"三角下拉按钮，在弹出的下拉列表中选择"更多分栏"，出现如图 3.25 所示的"分栏"对话框，预设为"两栏"，将"分隔线"复选框选定，同时取消"栏宽相等"复选框，设置间距为"4 字符"，宽度不等的两栏，单击"确定"按钮，效果如图 3.26 所示。

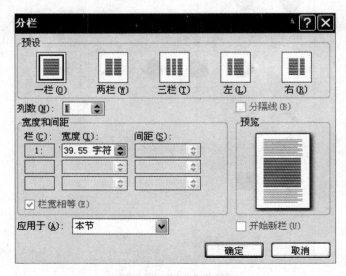

图 3.25　"分栏"对话框

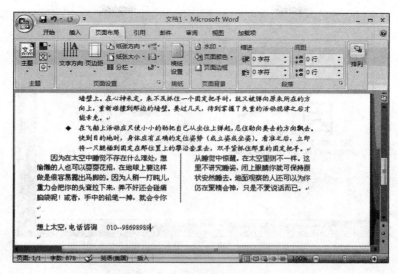

图 3.26 不等栏宽的分栏效果

（2）选定"因"字，在"插入"功能区的"文本"分组中单击"首字下沉"三角下拉按钮，在弹出的下拉列表中选择"首字下沉选项"，弹出如图 3.27 所示的对话框，选择位置为"下沉"，字体为"黑体"，下沉行数为"4 行"，单击"确定"按钮，效果如图 3.28所示。

图 3.27 "首字下沉"对话框

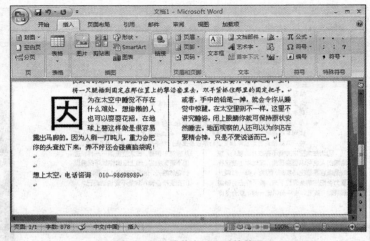

图 3.28　设置首字下沉后的效果

步骤 6：将"想上太空，电话咨询"一句设为黑体、四号字，电话号码"010-98698989"设为 Times New Roman、五号字，"咨询"两字前面的"电话"用图标表示。

（1）选定"想上太空，电话咨询"一行，在"开始"功能区的"字体"分组中选择"黑体"、"四号"。

（2）选定电话号码"010-98698989"，在"开始"功能区的"字体"分组中选择"Times New Roman"、"五号"。

（3）在"插入"功能区的"符号"分组中单击"符号"三角下拉按钮，在弹出的面板中选择"其他符号"，弹出如图 3.29 所示的"符号"对话框，选择字体"Wingdings"

图 3.29　"符号"对话框

中的电话图标,单击"插入"按钮,如图 3.30 所示。

图 3.30　插入电话图标

步骤 7:将该文档设置为 A4 纸,上、下页边距为 2 厘米,左、右页边距为 3 厘米,纸张方向为纵向。

页面设置的主要内容有:纸张、页边距、版式、文档网格以及每页行数和每行字符数等。

(1)设置纸张大小。在"页面布局"功能区单击"页面设置"分组右下角的箭头图标,弹出如图 3.31 所示的对话框,选择"纸张"选项卡,将纸张大小设置为"A4",如图 3.32 所示。

(2)设置页边距。文档中文本与纸张边缘的距离称为页边距。在"页面设置"对话框中的"页边距"选项卡中可对页边距上下左右的尺寸进行设置,如图 3.33 所示。将上、下页边距设为"2 厘米",左、右页边距设为"3 厘米"纸张,纸张方向为"纵向"。

任务三:保存文档

在 Office 按钮功能区上单击工" "按钮,弹出如图 3.34 所示的"另存为"对话框。选择文档的保存位置、保存类型,并输入文档的正式名称,最后单击"保存"按钮即可。

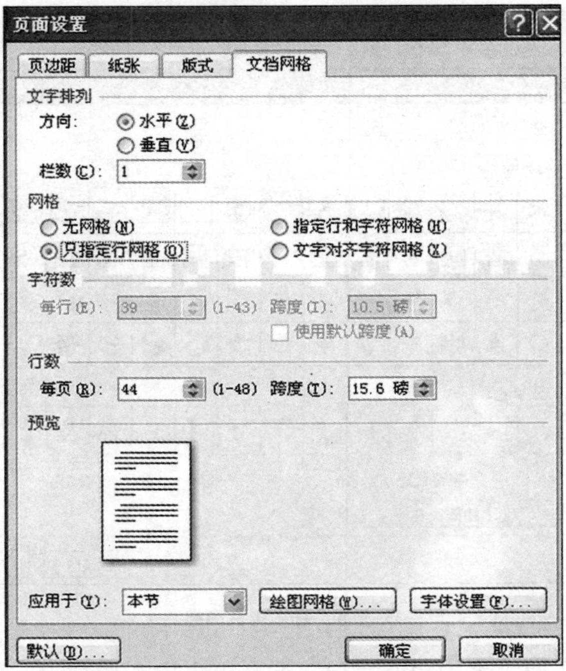

图 3.31 "页面设置"对话框

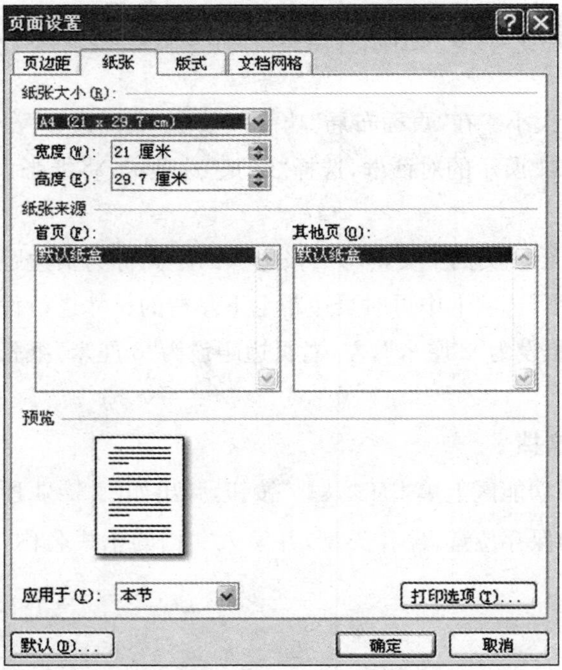

图 3.32 "纸张"选项卡

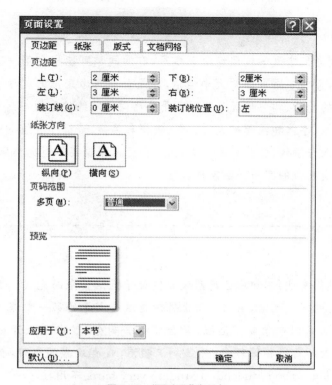

图 3.33　"页边距"选项卡

图 3.34　"另存为"对话框

拓展应用　编辑排版"家书"

转眼间,同学们来到学校已经两个多月,有的同学可能也是第一次离开父母,独自求学到此,面对丰富多采的大学生活,你是否会想念家里的父母朋友,向他们汇报一下学校的生活、学习情况呢? 下面是张珊同学写给父母的一封家书,内容涉及了文字的录入、字体和段落格式的设置、查找与替换、边框和底纹的添加、特殊符号和图片的插入与编辑、分栏等等操作,同学们可以根据实际情况参照以下书信内容编辑一封充满感情的家书寄回家里。

【书信内容】

亲爱的爸爸、妈妈:

你们好!

时间过得真快,不觉中已离家数日! 大学生活紧张而充实。刚刚结束为期一个月的军训生活,虽然很累很苦但是这是大学的第一堂课也是一门必修课,我从军训中学会了坚强,学会了吃苦耐劳,现在已经开始正式上课,我们的老师都很和蔼可亲,并且知识渊博,我喜欢我的老师,我喜欢大学生活。I am a good studend, I studing very hard. 不用挂念。

这儿的气候很好,虽然是夏天,却不超过 30℃,秋天的感觉。空气湿润多雨,我很快就适应了。另外,我们校园漂亮而整洁,食堂的饭菜便宜而丰富,和同学们同吃同住,感觉很好很充实,呵呵,虽然也会想你们,但是,为了你们对我的期待,为了我的理想我要离开你们的怀抱去飞翔。

我们寝室正在安装☎,等安好之后我就可以给家里打电话了。

该到熄灯时间了,不多写。

祝你们健康、快乐!

你们的女儿:张珊

2011.10.25

【格式要求】

(1) 在 D 盘新建一个以自己名字命名的文件夹,在该文件夹下新建一个 word 文档,取名为书信;

(2) 将文档页面设置为:A4,上下左右页边距都为 2 cm;

（3）正文字体：楷体，四号。

（4）段落：首行缩进 2 个字符，段前 0.5 行，行距 1.5 倍。

（5）将"您好"后面的一段分成两栏显示，栏间距为 4 字符。

（6）"这儿天气很好"一段添加上下的虚线边框，红色、2.25 磅。

（7）最后两段即落款部分右对齐，并设置"你们的女儿"这一段段前距离为 2 行。

（8）在页面左下脚插入一副图片，排版方式为紧密型，大小 5 cm×7 cm。

（9）给页面添加心型边框。

（10）将作好的书信保存，有条件的同学打印或者通过电子邮件发送自己家长收。

案例三　制作求职简历

【案例介绍】

对于每个大学生来说，一旦毕业就将面临着求职的问题。求职，首先就是要通过向用人单位呈送求职简历来介绍和推销自己。求职简历是用人单位了解毕业生有关情况的重要途径和方式。因此，求职简历做得是否吸引人，对毕业生求职的成功与否起着十分关键的作用。那么，怎样才能让自己的简历众多求职简历中脱颖而出呢？下面我们通过图 3.35 来学习。

个 人 简 历

姓　名	李明	性　别	男	
婚姻状况	未婚	出生年月	1988 年 10 月	
民　族	汉族	身　高	173cm	
学　历	专科	户　籍	湖北随州	
计算机能力	一级	政治面貌	预备党员	
专　业	建筑工程与技术			
现所在地区	湖北随州			
语言能力	英语（三级）　普通话（二级甲等）			
联系方式	12345678999			

教育背景			
由 年月 至 年月	校院名称	专业/课程	证　书
2007.9-2010.7	随州职业技术学院	建筑工程与技术	毕业证

技能/专长
计算机技能
通过国家一级计算机考试，能熟练应用 OFFICE 系列办公应用软件。
相关技能
在校期间，顺利通过全国英语三级，全国计算机一级，顺利通过毕业考试，圆满完成学业。

求职意向	
寻求工作类型	全职
希望工作岗位类型	建筑工程相关工作
希望工作职务	从基层做起
希望工作地区	浙江　上海　重庆
到岗时间	随时到岗
待遇要求	工资待遇可面议

图 3.35　个人简历范本

【案例分析】

（1）初始化页面；

（2）为表格添加标题；

（3）插入表格；

（4）修改表格结构——拆分、合并单元格；

（5）输入表格内容；

（6）对表格进行修饰——单元格对齐方式、单元格文字方向、边框和底纹的设置。

【操作步骤】

任务一：初始化页面

步骤1：新建一个 Word 文档，按"Ctrl＋S"快捷键，将其保存名为"个人简历"的文档。

步骤2：在"页面布局"功能区的"页面设置"分组中，单击"页边距"下拉列表中的"自定义边距"按钮，打开"页面设置"对话框。

步骤3：打开"页边距"选项卡，在"页边距"选项区中将上、下边距设为"2.4 厘米"，左、右边距设为"3 厘米"，单击"确定"按钮完成页面设置。

任务二：为表格添加标题

步骤1：输入标题内容"个人简历"。

步骤2：选中标题，设置标题的字体为宋体、二号字、加粗且居中对齐。

步骤3：选中标题，在"开始"功能区的"段落"分组中单击"⚟"按钮，打开"调整宽度"对话框，设置新文字宽度为"8 字符"，如图 3.36 所示。

图 3.36 "调整宽度"对话框

任务三:插入表格

步骤:在"插入"功能区的"表格"分组中单击"表格"按钮"▦",打开"插入表格"对话框,在"列数"和"行数"文本框中分别输入"4"和"21",如图 3.37 所示。

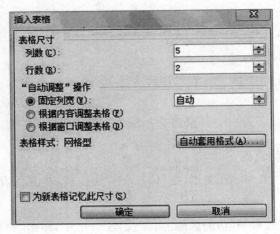

图 3.37 "插入表格"对话框

> ⌨ **学习提示:**插入表格还有两种方法,一是将光标移动到要创建表格的
> 位置,在"插入"功能区的"表格"分组的下拉列表中单击" 插入表格 "按钮,拖
> 拉到所需的行与列数,按下鼠标左键,即可插入表格;二是打开功能区"插
> 入"中的"表格"分组的下拉列表,点击"绘制表格"选项,此时光标呈现笔
> 状,然后在空白文档区拉动鼠标即可画出表格。

任务四:修改表格结构

步骤1:选中第 6 行右边的 3 个单元格,单击鼠标右键,在弹出的快捷菜单中选择"合并单元格"。

步骤2:按同样的操作方法,对照样表,对其他单元格进行合并和拆分。

> 🔔 **学习提示：**一是合并单元格还有一种方法：选中要合并的单元格，在"布局"功能区的"合并"分组中，单击"合并单元格"按钮。二是如果表格处理中涉及需拆分单元格，可选择要拆分的单元格，单击鼠标右键，在弹出的快捷菜单中选择"拆分单元格"，在弹出的"拆分单元格"对话框中键入要拆分的行数及列数，再单击"确定"按钮即可完成。也可以在"布局"功能区的"合并"分组中，单击"拆分单元格"按钮来完成。

任务五：录入表格的文字内容

把光标移入表格内，在适当的单元格中，输入样表的文字内容。

任务六：将图片插入到表格

将光标定位在第 1 行第 5 列"照片"单元格内，在"插入"功能区的"插图"分组中单击"图片"按钮，弹出"插入图片"对话框，选择需要插入的图片后单击"确定"按钮即可。图片插入在单元格后，更改图片到合适大小。

任务七：改变行高与列宽

步骤 1：单击表格左上角的标记"⊞"，选定整个表格。

步骤 2：在"布局"功能区的"表"分组中，单击"属性"按钮，打开"表格属性"对话框，单击"行"选项卡，勾选"指定高度"，设置第 1—21 行的行高为"1 厘米"，行高值是"最小值"，如图 3.38 所示，单击"确定"按钮完成设置。

图 3.38　"表格属性"对话框

> 　🔔 **学习提示**：如某个单元格文字过多，宽度或者高度需微调，方法如下：
> ■ 将指针停留在两列间的边框上，当指针变为"✛‖✛"形状时，向左右拖动边框到合适的宽度。同理也可调整行高。
> ■ 将光标定位在需调整的单元格中，在"布局"功能区的"单元格大小"分组中输入相应的高度和宽度具体数值。
> ■ 拖动标尺上的"移动表格列"按钮"🔲"或者"移动表格行"按钮"🔲"，更改单元格大小到相应的宽度和高度。

任务八：对表格进行修饰

步骤 1：单击表格左上角的标记"✛"，选定整个表格。设置字体为宋体、小四号字，参照样表，将某些分标题文字更改成加粗效果。

步骤 2：选中全表，选择右键快捷菜单中的"单元格对齐方式"→"水平居中"样式，将文字都设置在单元格正中央，也可通过"布局"功能区的"对齐方式"分组来设置。

步骤 3：如果要对表格边框和底纹进行设定，选中相应的单元格，执行右键快捷菜单的"边框和底纹"命令，也可通过"设计"功能区的"表样式"分组中的"边框"和"底纹"按钮来设置。

> 　🔔 **学习提示**：如需要纵排某单元格内容，可单击所在的单元格，单击右键，选择快捷菜单中的"文字方向……"选项，打开"文字方向"对话框，设置相应的文字方向。

拓展应用　制作飞腾公司费用报销单

请为飞腾公司制作一份公司费用报销单，效果如下：

飞 腾 公 司 费 用 报 销 单

报销人：　　　　　　　　年　月　日　　　　　单据及附件页数：

报销项目	摘　要	金　额	事由及经手人
			领导审批
合　计：			

案例四　创建销售业务统计表

【案例介绍】

制作一份如图 3.39 所示的销售业务统计表在很多公司是经常要用到的，Word 2007 提供了强大的制表功能，我们通过学习如何巧妙应用表格工具，就可以轻松地完成要求。

销售业务统计表

利润　　月份　　份 　　分店	一月	二月	三月	累计
大十字街分店	560.00	780.00	450.00	1790
文峰分店	750.00	570.00	460.00	1780
花溪桥分店	680.00	790.00	690.00	2160
合计	1990	2140	1600	5730

图 3.39　销售业务统计表

【案例分析】

（1）插入表头斜线；

（2）合并单元格和拆分单元格；

（3）平均分布表格行和列；

（4）应用公式。

【操作步骤】

步骤 1：插入表格。

启动 Word 2007，新建文档，输入标题"销售业务统计表"，插入一个 4 行 4 列的表格。

步骤 2：改变表格行高。

拖动表格的第 2 条横线，拉宽第 1 行的高度，如图 3.40 所示。

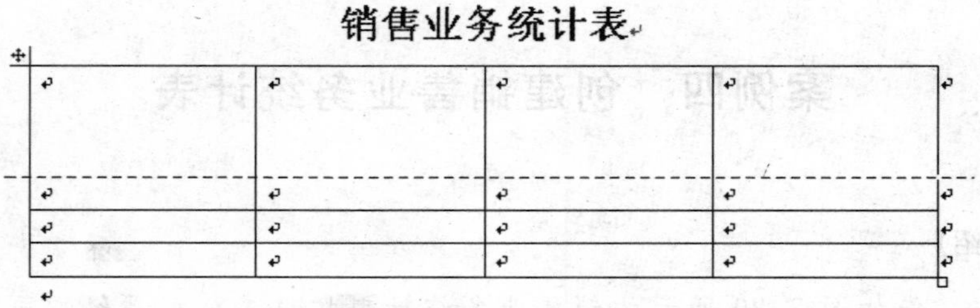

销售业务统计表

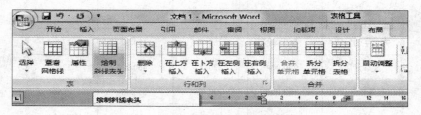

图 3.40　改变表格行高

步骤 3：插入斜线表头。

把光标定位在第 1 个单元格内，单击"布局"功能区的"表"分组中的"绘制斜线表头"按钮，如图 3.41 所示，在弹出的"插入斜线表头"对话框中，表头样式选择"样式二"，如图 3.42 所示，输入相应的行标题、数据标题、列标题，最后单击"确定"按钮即可。

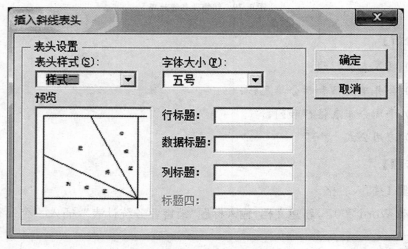

图 3.41　单击"绘制斜线表头"按钮

图 3.42　"插入斜线表头"对话框

步骤 4：平均分布列。

选中第 2—4 列，在"布局"功能区中单击"单元格大小"分组中的"分布列"按钮
"圕分布列"。

步骤 5：插入列。

鼠标移到表格最右侧的上方边缘，当鼠标出现黑色向下粗箭头时，选中整列，单击"布局"功能区的"行和列"分组中的"在右侧插入列"按钮即可，如图 3.43所示。

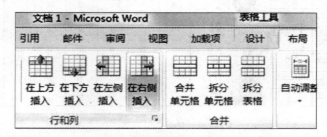

图 3.43　单击"在右侧插入"按钮

步骤 6：对表格按公式求和。

在第 1 行最右边的单元格中输入文字"累计"后，将光标定义在第 2 行最右边的单元格内，然后单击"布局"功能区的"数据"分组中的"公式"按钮，弹出如图 3.44所示的"公式"对话框。

图 3.44　"公式"对话框

在"公式"对话框中，把公式更改为"＝SUM(B2:D2)"或者"＝SUM(LEFT)"。以类似的操作对第 3 行和第 4 行求累计值。

> 　　 学习提示：在表格中执行计算时，可用 A1、A2、B1、B2 的形式引用表格单元格，其中字母表示列，数字表示行。

步骤 7：同步骤 5、6，插入最后一行求各个分店的分月销售额总计，最后完成如样图所示的统计表。

拓展应用　制作个性化课程表

请为你们班制作一张个性化的课程表，参考效果如下：

作息表		课程表							
		节次＼星期	一	二	三	四	五	六	日
6:30	起床	1	高等数学	平面设计	大学英语	微机原理	线性代数	党团活动	自由活动
7:00	早餐	2	大学英语	线性代数	操作系统	网页制作	自习		
7:30-8:00	自习	3	自习	微机原理	体育	软件工程	操作系统		
8:00-8:50	第一节课	4							
9:00-9:50	第二节课	5							
9:50-10:10	课节活动	6							
10:10-11:00	第三节课								
11:10-12:00	第四节课								
12:00-14:00	午餐								
14:00-14:50	第五节课								
15:00-15:50	第六节课								
16:00-17:00	夕会								
17:00-17:30	课外活动								
17:30	晚餐								

案例五　自制电子留言簿

【案例介绍】

　　同学们高中毕业时,都流露出对母校、老师和同学们的依依惜别之情,纷纷在课间互相传写毕业留言。经过前段时间的学习,我们已经掌握了如何使用 Word 制作含有文字、图片、表格的文档。下面我们就综合应用之前所学的知识,自己动手制作一个图文混排的电子版留言簿,如图 3.45 所示。

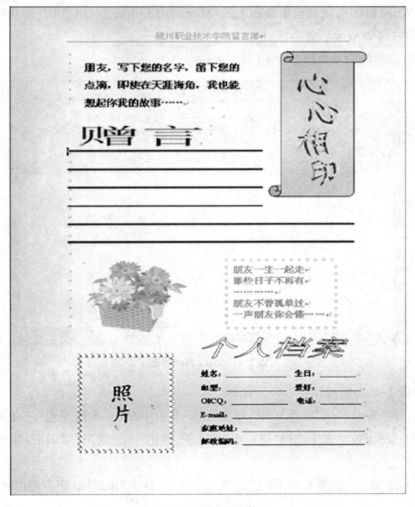

图 3.45　电子留言簿

【案例分析】

　　本案例就是运用 Word 2007 的多种功能进行设计的综合案例,包括文本、页面背景、页眉页脚、文本框、艺术字、自选图形、剪贴画等内容。通过学习制作留言簿,同学们就可以把本章之前所学的知识综合应用,设计出图文混排的个性化电子文档。

【操作步骤】

　　任务一:创建一个 Word 文档,并添加页面背景

　　步骤 1: 启动 Word 2007 程序,创建一个以"文档 1"命名的新文档。

　　(1) 单击任务栏上的"开始"→"程序"→"Microsoft Office"→"Microsoft Office Word 2007",或者双击桌面上的"Microsoft Office Word 2007"的快捷方式图标,即可启动 Word 2007。

　　(2) 启动后的界面如图 3.46 所示。

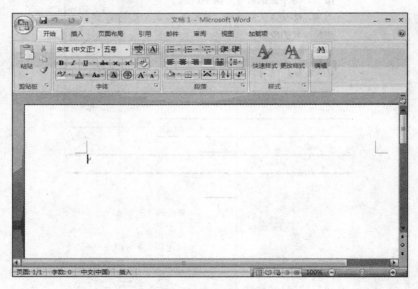

图 3.46　Word 2007 界面

　　步骤 2: 给文档选择一个页面背景。

　　(1) 在"页面布局"功能区的"页面背景"分组中单击"页面颜色"三角下拉按钮,在弹出的下拉面板中选择"填充效果"选项,弹出"填充效果"对话框,如图 3.47 所示。

　　(2) 在"渐变"选项卡的"颜色"选项区中选择"预设"单选项,在右侧出现的"预设颜色"下拉列表中选择"羊皮纸",在"底纹样式"选项区中选择"中心辐射"单选项,然后单击"确定"按钮,页面背景就设计好了,如图 3.48 所示。

图 3.47 "填充效果"对话框

图 3.48 设置填充效果

步骤 3：设计页眉。

（1）在"插入"功能区的"页眉和页脚"分组中单击"页眉"三角下拉按钮,在弹出的下拉面板中选择"空白",如图 3.49 所示。

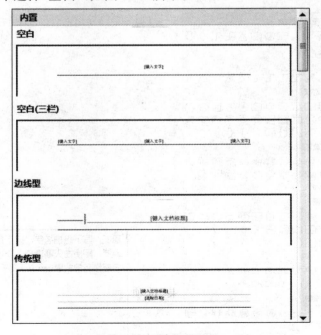

图 3.49 选择页眉样式

（2）在页面顶部标记有"［键入文字］"的地方录入页眉内容"随州职业技术学院留言簿"，通过"页眉和页脚工具"功能区对页眉内容进行格式设置，效果如图 3.50 所示。

图 3.50　设计页眉

任务二：添加文本框并编辑文字内容

该部分是一个无背景颜色、无线条颜色的文本框。文本框可以起到很好的布局作用，让文字出现在文档的任何位置。

步骤 1：在"插入"功能区的"插图"分组中单击"形状"三角下拉按钮，在弹出的下拉面板中单击"基本形状"中的"文本框"按钮，如图 3.51 所示。此时鼠标指针呈十字形状，按下鼠标左键并拖动，在文档的左上角画出一个矩形区域，在文本框中录入文字，如图 3.52 所示。

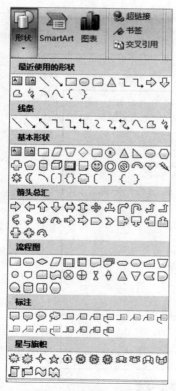

图 3.51　"形状"下拉面板

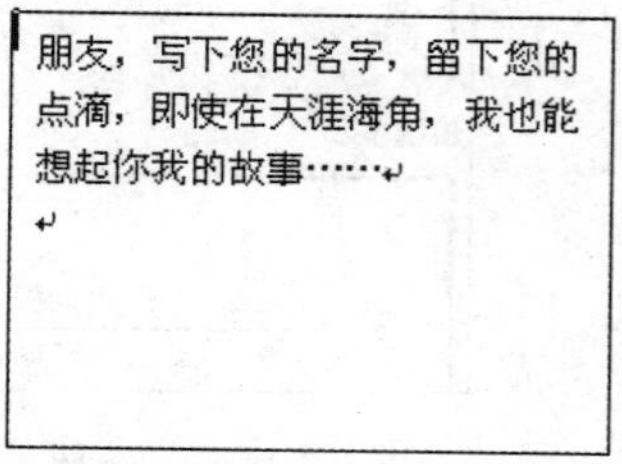

朋友，写下您的名字，留下您的点滴，即使在天涯海角，我也能想起你我的故事……

图 3.52　插入文本框并录入内容

步骤 2：设置文本框中文本的格式，包括字体、字形、字号、字体颜色。

步骤 3：设置文本框格式。

在文本框的边框上点击右键，在弹出快捷菜单中选择"设置文本框格式"选项，弹出"设置文本框格式"对话框，将文本框填充颜色设为"无颜色"，线条颜色设为"无颜色"，如图 3.53 所示。

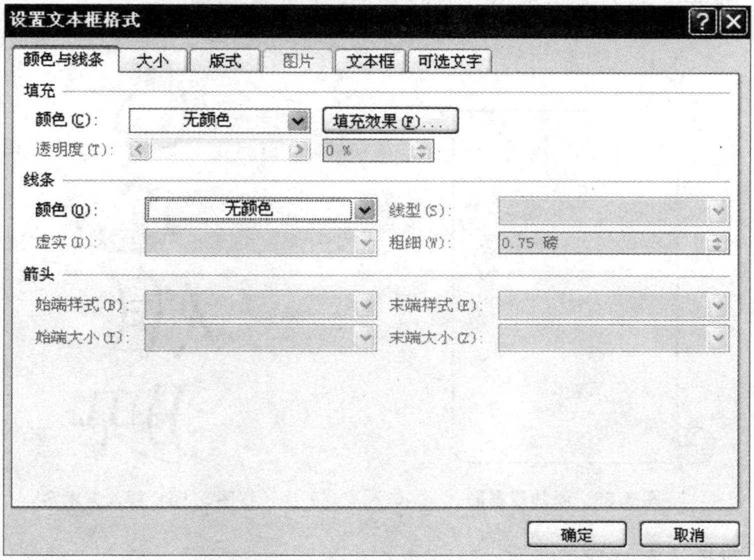

图 3.53　"设置文本框格式"对话框

步骤 4：调整文本框大小。

可通过在"设置文本框格式"对话框的"大小"选项卡中输入具体的文本框高度和宽度来精确调整文本框大小，也可把鼠标放在文本框边线处按住鼠标左键并拖动的方法来调整文本框大小。通过以上设置，文档左上角的内容完成，如图 3.54 所示。

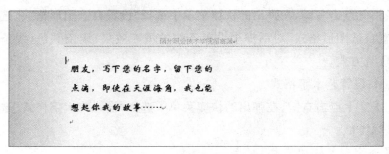

图 3.54　添加文本框后的效果

任务三：添加图形

完成文档右上角的条幅，该条幅由图形和艺术字组合而成。

步骤1：画条幅形状。

在"插入"功能区的"插图"分组中单击"形状"三角下拉按钮，在弹出的下拉面板中单击"星与旗帜"中的"竖卷形"按钮。此时鼠标指针呈十字形状，按下鼠标左键并拖动，在文档的右上角画出一个竖卷形，如图3.55所示。

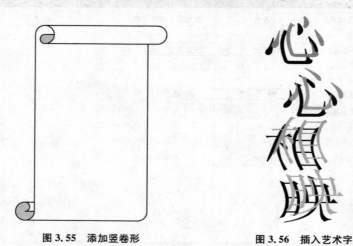

图3.55　添加竖卷形　　　　　　　图3.56　插入艺术字

步骤2：插入艺术字。

在"插入"功能区的"文本"分组中单击"艺术字"三角下拉按钮，在弹出的艺术字样式库中选择"艺术字样式24"，注意艺术字为垂直样式。在弹出的"编辑艺术字文字"对话框中输入文本内容"心心相映"，单击"确定"按钮，即可看到如图3.56所示的效果。

步骤3：设置条幅格式。

在条幅上点击右键，在弹出的快捷菜单中选择"设置自选图形格式"选项，在弹出的"设置自选图形格式"对话框中设置条幅的填充效果、线条颜色、线条粗细、线条样式、环绕方式。

步骤4：设置艺术字格式。

在艺术字上点击右键，在弹出的快捷菜单中选择"设置艺术字格式"选项，设置方式与条幅类似。

步骤5：组合条幅和艺术字。

首先把艺术字的文字环绕方式设为"紧密型环绕"，然后用鼠标拖动艺术字放在条幅之上,此时会发现艺术字隐于条幅之下,再设置条幅的文字环绕方式为"衬于文字下方",艺术字就会显示出来了。接下来调整条幅和艺术字的大小和位置。最后将条幅和艺术字组合成为一体,组合方式为:同时选中艺术字和条幅,在其上点鼠标右键,在弹出的快捷菜单上选择"组合",如图 3.57 所示。

任务四:编辑"赠言"区域并格式化

完成赠言区域,"赠言"区域由艺术字和多条横线组成。

步骤 1:插入艺术字。

文字内容为"赠言",并设置艺术字格式,方法与上文相同,如图 3.58 所示。

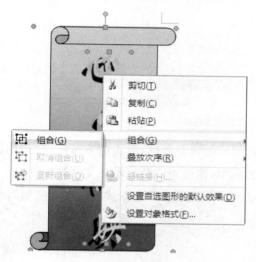

图 3.57　组合条幅和艺术字

图 3.58　插入艺术字

步骤 2:插入横线。

在"插入"功能区的"插图"分组中单击"形状"三角下拉按钮,在弹出的下拉面板中单击"线条"中的"直线"按钮,此时鼠标指针呈十字形状,按下鼠标左键并拖动,在文档相应位置画出多条水平直线。

步骤 3:设置横线格式。

在直线上点右键,在弹出的快捷菜单中选择"设置自选图形格式"选项,在弹出的"设置自选图形格式"对话框中设置线条的颜色、粗细、虚实,如图 3.59 所示。

步骤 4:调整艺术字和线条的位置,调整线条的长短、间距等。

步骤 5:插入花篮剪贴画。

(1) 在"插入"功能区的"插图"分组中单击"剪贴画"按钮,此时 Word 窗口右侧会显

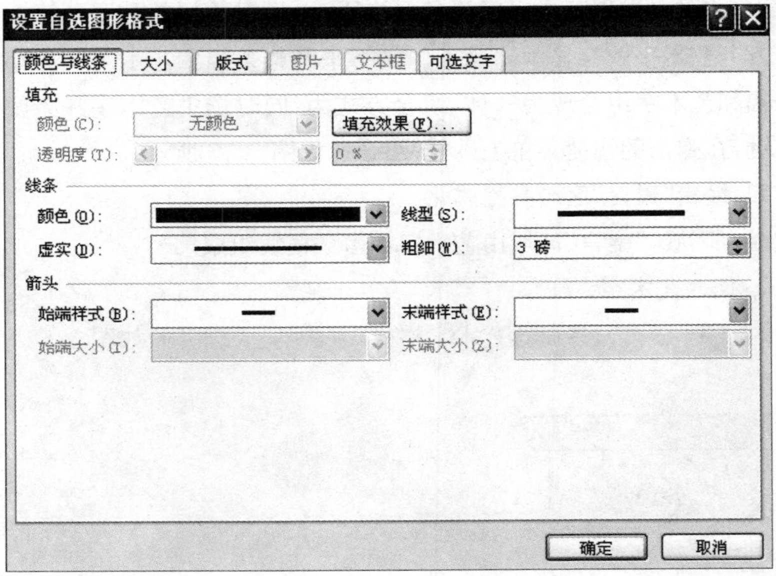

图 3.59　设置横线格式

示"剪贴画"工具栏,如图 3.60 所示,设置相应的搜索条件,单击搜索按钮,会搜出符合条件的剪贴画。用鼠标单击选中的剪贴画,则该画就会显示在文档光标处。

　　(2)调整剪贴画得大小和位置,并将剪贴画的环绕方式设为"紧密型",如图 3.61所示。

图3.60　"剪贴画"工具栏

图 3.61　设置剪贴画格式

步骤 6:完成花篮右边的文本框。

该文本框的制作过程与任务二的文本框类似。此文本框的格式设置如图 3.62 所示,完成效果如图 3.63 所示。

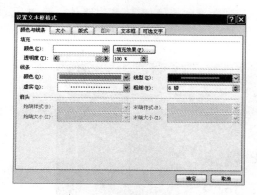

图 3.62　设置文本框格式

图 3.63　文本框完成效果

步骤 7:完成"照片框"。

在"插入"功能区的"插图"分组中单击"形状"三角下拉按钮,在弹出的下拉面板中单击"基本形状"中的"垂直文本框"按钮,此时鼠标指针呈十字形状,按下鼠标左键并拖动,在文档上画出一个垂直文本框,在文本框中录入文字,并按照前面的方法设置文字的字体和文本框的格式,效果如图 3.64 所示。

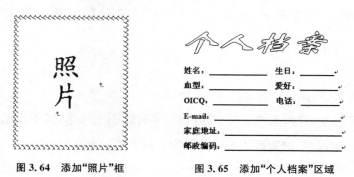

图 3.64　添加"照片"框

图 3.65　添加"个人档案"区域

步骤 8:完成"个人档案"区域。

该区域由艺术字"个人档案"和无边框颜色、无背景颜色的文本框组成。可通过前面所学的关于艺术字和文本框的添加及设置方法完成,效果如图 3.65 所示。

任务五:保存

留言簿的制作已经完成,现在将该文档以自己的名字命名并保存。

拓展应用　制作名片

通过上面制作电子留言薄的学习,我们掌握了如何在一个 Word 文档中插入文字、图形、艺术字、文本框等元素。下面大家可参照图 3.66,设计一个自己的名片,巩固一下图文混排的相关知识。

图 3.66　名片样本

【模块综合应用】

综合运用以上所学知识,按照以下要求完成如图 3.67 所示的文档"四季的美"。

【格式要求】

(1) 录入文字,文字内容如图 3.67 所示。

(2) 将标题文字"四季的美",字体设置为楷体、小二号字,居中显示,并为文字"四季的美"设置绿色、线宽度为 3 磅的阴影边框和浅绿色底纹。

(3) 按文中内容按春、夏、秋、冬分为 4 段。段落设置为首行缩进 2 字符。

(4) 将 4 个段落设置为首字下沉,下沉行数为 2 行,字体为华文行楷。

(5) 将 4 个段内容全部选中,将其复制在原文之后,并将复制的内容取消首字下沉。

(6) 将复制的内容中"春天"所在段落设置为左缩进 2 字符,右缩进 2 字符,首行缩进 2 字符,并加 1 磅黑色边框线。字体为华文琥珀、五号字。

四季的美

春天最美的是黎明。东方一点儿一点儿泛着鱼肚色的天空，染上微微的红晕，飘着红紫红紫的彩云。太阳像一个红火球，从东方地平线上喷薄而出的壮观景象如诗如画，迷倒多少诗人墨客。

夏天最美是夜晚。有月亮的月夜固然美，漆黑漆黑的暗夜，也有无数的萤火虫翩翩飞舞。即使是蒙蒙细雨的夜晚，也有一只两只萤火虫儿，闪着朦胧的微光在飞行，这情景真是迷人。

秋天最美是黄昏。夕阳照西山时，感人的是点点归鸦急急匆匆往窝里飞去。成群结队的大雁儿，在高空中比翼联飞，更是叫人感动。夕阳西沉，夜幕降临，那风声、虫鸣听起来叫人心旷神怡。

冬天最美是早晨。落雪的早晨当然美，就是在遍地铺满白霜的早晨，在无雪无霜的凛冽的清晨，也要生起熊熊的炭火。手捧着暖和的火盆穿过廊下时，那心情儿和这寒冷的冬晨多么和谐啊！只是到了中午，寒气渐退，火盆里的炭火儿，大多变成了一堆白灰，这未免令人有点扫兴儿。

> 春天最美的是黎明。东方一点儿一点儿泛着鱼肚色的天空，染上微微的红晕，飘着红紫红紫的彩云。太阳像一个红火球，从东方地平线上喷薄而出的壮观景象如诗如画，迷倒多少诗人墨客。

> 夏天最美是夜晚。有月亮的月夜固然美，漆黑漆黑的暗夜，也有无数的萤火虫翩翩飞舞。即使是蒙蒙细雨的夜晚，也有一只两只萤火虫儿，闪着朦胧的微光在飞行，这情景真实迷人。

㊚天最美是黄昏。夕阳照西山时，感人的是点点归鸦急急匆匆往窝里飞去。成群结队的大雁儿，在高空中比翼联飞，更是叫人感动。夕阳西沉，夜幕降临，那风声、虫鸣听起来叫人心旷神怡。

㊛天最美是早晨。落雪的早晨当然美，就是在遍地铺满白霜的早晨，在无雪无霜的凛冽的清晨，也要生起熊熊的炭火。手捧着暖和的火盆穿过廊下时，那心情儿和这寒冷的冬晨多么和谐啊！只是到了中午，寒气渐退，火盆里的炭火儿，大多变成了一堆白灰，这未免令人有点扫兴儿。

更上一层楼	欲穷千里目	黄河入海流	白日依山尽

$$s = \sum_{i=0}^{100}(x_i + y_i) \times \sqrt{x^2 + y^2}$$

图 3.67　文档"四季的美"

（7）将复制的内容中"夏天"所在段落的行间距设置为 1.5 倍行距，首行缩进 2 字符。设置淡绿色段落底纹。字体为隶书、五号字。

（8）在复制的内容中"秋天"与"冬天"所在段落中插入如图 3.67 中所示的花朵剪贴画，将图片大小缩放为原图的 50%，并将图片的版式设置为紧密型，将图片放置在段落的中间。

（9）将复制的内容中"秋天"与"冬天"所在段落的字体设置为楷体、小四号字，段落首行缩进 2 字符。

（10）将复制的内容中"秋"和"冬"两字设置为带圈字符，如图 3.67 所示。

（11）在页眉处加入文字"四季的故事"（不包括引号），字体设置为宋体、小五号字，居中显示。

（12）插入任意一幅图片（可在网上查找合适图片），调整大小与前 4 段版面一致，设置文字环绕方式为衬于文字下方，并利用图片工具栏设置图像控制效果为"冲蚀"，如图 3.67 上部的水印效果。

（13）在文档底部插入一个竖排文本框，输入如图 3.67 所示的一首小诗，字体设置为隶书、小四号字。

（14）设置上面的文本框的填充效果，选择"双色"，颜色自选。文本框线条宽度为 2 磅，颜色自选。

（15）在文本框右边插入一个公式，效果见图 3.67。

（16）将文档命名并保存。

模块四　电子表格处理软件 Excel 2007

Excel 2007 是电子表格制作软件，它和 Excel、PowerPoint、Access 等组件一起，构成了 Office 2007 办公软件的完整体系。它功能强大、技术先进、使用方便且灵活，可以用来制作电子表格，具有强大的数据组织、计算、分析和统计功能，能够完成复杂的数据运算，进行数据分析和预测，并且具有强大的制作图表功能及打印设置功能等，还可以通过图表、图形等多种形式形象地显示处理结果，更能够方便地与 Office 2007 其他组件相互调用数据，实现资源共享。

模块目标

【能力目标】

通过本模块的学习，能够运用 Excel 2007 的相关功能编排表格，根据需要对表内数据进行分析、计算、处理，掌握制作图表的能力。

【知识目标】

(1) 认识 Excel 2007 并熟悉其界面，掌握 Excel 启动与退出；

(2) 掌握 Excel 工作簿、工作表的基本操作；

(3) 掌握 Excel 中单元格的设置与修饰；

(4) 掌握 Excel 公式和函数的应用；

(5) 掌握 Excel 图表的应用；

(6) 掌握 Excel 数据的管理方法。

案例目录

案例一　制作学生信息表

【案例介绍】

新生入学了,大家都填写过基本信息登记表,如图 4.1 所示,那这样的表格是如何制作出来的呢?

2010—2011 学年度第一学期医护系 2010 级口腔(1)班计算机基础信息登记表

学号	姓名	性别	民族	身份证号	政治面貌	家庭住址	家长姓名	联系电话
20103011001	陈俊晶	女	汉	14262519921222847	团员	浙江省诸暨市	陈启敏	15037944626
20103011002	陈璐	女	汉	15262619940406327	团员	浙江省永嘉县	陈尚波	13997643516
20103011003	陈蕾	女	汉	21062319900302668	团员	浙江省瑞安市	陈君炎	13567605666
20103011004	陈梦雅	女	汉	21132219900102788	团员	浙江省瑞安市	戴焕连	13972739337
20103011005	储孟延	女	汉	22042119911001394	团员	浙江苍南县	淦昭发	13666663719
20103011006	戴丽娅	女	汉	33032419890224342	团员	李昌县	狄益元	13956690617
20103011007	淡汉年	女	汉	33032419920813520	团员	内蒙古乌兰察布蒙都县	丁茂盛	13514642562
20103011008	狄颖颖	女	汉	33032719910411290	团员	辽宁省东港市	张凤姣	13407203619
20103011009	丁爱芳	女	汉	33038119921006342	团员	辽宁省朝阳市	眼锐东	13353652166
20103011010	杜怡	女	汉	33038119921227592	团员	吉林省龙井市	郭永民	16771356253
20103011011	付文玉	女	汉	33068119920910874	团员	湖北枣阳市	郭庆军	13761533129
20103011012	顾美蓉	女	汉	35012819900510272	团员	湖北郧西县	何善松	15671352257
20103011013	郭晓艳	女	汉	41032519910610452	团员	湖北孝感	刘建枝	16771350711
20103011014	郭艳	女	汉	41032919111100044	团员	湖北武穴市	黄常香	13035193616
20103011015	何雯	女	汉	41078119920620978	团员	湖北随州	贾福友	13972291919
20103011016	胡晶	女	汉	41112219910122752	团员	湖北省枝江市	辛竹香	13264654525
20103011017	黄婧婷	女	汉	41132119920308182	团员	湖北省孝感市	林福考	13091985036
20103011018	贾晓晓	女	汉	41148119910509542	团员	湖北省襄樊市	黄凤	15072997469
20103011019	晋增丽	女	汉	41272119890223845	团员	湖北省武汉市	刘婶波	13264656650
20103011020	李艺平	女	汉	41272619900902708	团员	湖北省武汉市	刘亿浩	13135639745

图 4.1　基础信息登记表

【案例分析】

单位统计成员的基本信息,一般须填写姓名、身份证号、家庭住址、联系方式、政治面貌等基本信息。

【操作步骤】

任务一:建立工作簿及工作表

步骤 1:启动 Excel 2007。

在 Windows 桌面执行"开始"→"程序"→"Microsoft Office"→"Microsoft Office Excel 2007"命令,启动 Excel 2007。

步骤 2: 新建工作簿。

启动 Excel 2007 后,将自动创建一个名为"Book1"的工作簿。也可通过单击 Excel 界面上的"Office"按钮(Office 2007 系列软件都有此按钮),选择下拉菜单中的"新建"选项,在打开的如图 4.2 所示的"新建工作簿"对话框中选中"空工作簿", 然后单击"创建"按钮,新建一个空白工作簿。

图 4.2　"新建工作簿"对话框

> 📖 **学习提示**: 每个工作簿都包含多个工作表,新建一个工作簿后默认有三个工作表,默认工作表名称分别为: Sheet1、Sheet2、Sheet3,可以单击窗口底部的标签访问相应工作表。每个工作表包括行(以数字为标记,从 1 到 1048576)和列(以字母为标记,从 A 到 XFD),行和列交叉处是单元格,单元格名称(地址)由列和行标记组成(如 B2)。

任务二: 编辑工作表内容

步骤 1: 建立表头。

在第一行的单元格中依次输入"学号"、"姓名"、"性别"、"民族"、"身份证号"、 "政治面貌"、"家庭住址"、"家长姓名"、"联系电话"等数据,如图 4.3 所示。

	A	B	C	D	E	F	G	H	I
1	学号	姓名	性别	民族	身份证号	政治面貌	家庭住址	家长姓名	联系电话
2									

图 4.3　建立表头

步骤 2:输入"学号"列的数据。

单击"学号"列上"A"列标,选中 A 列单元格,单击鼠标右键,在快捷菜单中选择"设置单元格格式",如图 4.4 所示。

图 4.4　选择"设置单元格格式"快捷菜单选项

单击弹出的"设置单元格格式"对话框中的"数字"选项卡,选定"分类"列表框中的"自定义"。在"类型"文本框中输入"20103011000",单击"确定"按钮,如图 4.5 所示。

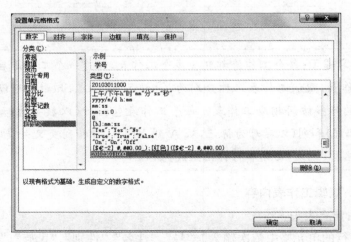

图 4.5　"设置单元格格式"对话框

在 A2 单元格中输入"001"并按回车键,单元格显示"20103011001"。同样在 A3 单元格中输入"002"并按回车键,单元格显示"20103011002",如图 4.6 所示。选中 A2 和

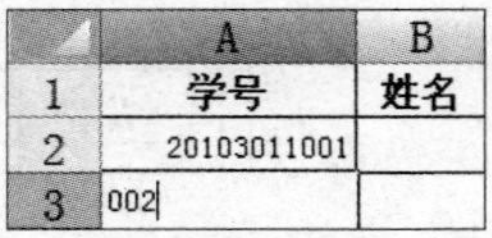

图 4.6　输入单元格内容

A3 两个单元格,将鼠标移到选定区域右下方的填充柄,当鼠标指针变为黑色"＋"时,按下鼠标左键并拖动鼠标向下至 A34 单元格,学号就自动填充完成。

> 💡 **学习提示**:在 Excel 中,直接输入数值时会发现不能输入以 0 开头的数据,如输入"01"后按回车键将变为"1",此时应在"设置单元格格式"对话框中的"数字"选项卡的"分类"列表框中选择"文本"或者选择"自定义"并在"类型"文本框中输入"00",如图 4.7 所示。

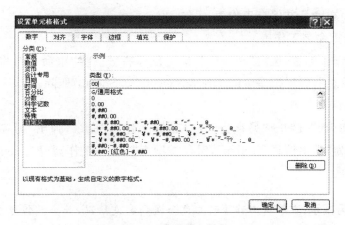

图 4.7　设置数字格式

步骤 3:输入"姓名"、"性别"、"民族"等其他文本列的数据。

步骤 4:输入"身份证号"列的数据。

选中 E 列,按与"学号"列相同的方式设置单元格格式并填写身份证号数据,如图 4.8 所示。

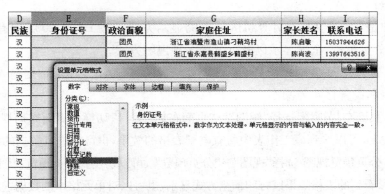

图 4.8　设置"身份证号"列的单元格格式

学习提示：在 Excel 2007 中可将数据分为文本、数字这两种数据格式。文本通常是指字符或者任何数字和字符的组合。输入到单元格内的任何字符集，只要不被系统解释成数字、公式、日期、时间或者逻辑值，则 Excel 2007 一律将其视为文本。在输入文本数据时，系统默认的对齐方式是单元格内向左对齐。数字数据是 Excel 表中最常见的数据类型，数字数据包括货币、日期与时间等类型。

任务三：重命名并保存工作表

步骤 1：重命名工作表。

单击工作表标签，选定"Sheet1"，单击鼠标右键选择"重命名"，将工作表名称改为"学生信息"，然后把多余的工作表"Sheet2"、"Sheet3"删除。

步骤 2：保存文件。

执行"Office"按钮→"另存为"→"Excel 工作簿"命令，弹出"另存为"对话框，选择文件名为"学生信息表.xlsx"，保存类型为"Excel 工作簿（ *.xlsx）"，单击"保存"按钮即可。

学习提示：在编辑工作簿时难免会遇到突发情况，如突然停电或者电脑重启，而此时工作簿尚未保存。为了降低丢失数据的风险，可使用"自动保存"功能。方法是：单击"Office"按钮，在打开的菜单中单击" Excel 选项(I) "按钮，打开"Excel 选项"对话框，再单击"保存"，在右边窗口中可设置自动保存时间、位置等。

拓展知识：

视图是 Excel 文档在计算机屏幕上的显示方式。在 Excel 2007 中有普通、页面布局、分页预览、全屏显示以及拆分等多种视图方式。

（1）普通视图　普通视图是 Excel 的默认视图方式，主要用于数据输入与筛选、制作图表和设置格式等操作。

（2）页面布局视图　选择"视图"→"页面布局"，可以切换到页面布局视图。在该视图方式下，可以看到该工作表中所有电子表格的效果，也可以进行数据的编辑。

（3）分页预览视图　选择"视图"→"分页预览"，可以切换到分页预览视图。在该视图方式下，看到的表格效果以打印预览方式显示，也可以对单元格中的数据进行编辑。

（4）全屏显示视图　选择"视图"→"全屏显示"，可以切换到全屏显示视图。在该视图方式下，只显示工作表区，这样可以在显示器上显示尽可能多的表格内容，按“Esc”键可退出该视图方式。

(5) 拆分视图 选择“视图”→“拆分”，可以将编辑区拆分为上下左右 4 个部分。查看大型电子表格时，使用该方式十分方便。要退出该视图方式，只需再次单击“拆分”按钮。

拓展应用　制作本班学生考勤情况记录表

应用本案例所学的知识制作一份学生考勤情况记录表，参考效果如图 4.9 所示：

机电工程系 2010 级机电(2)班考勤表

12 月 6 日—12 月 10 日　第 15 周

序号	姓名	星期一				星期二				星期三				星期四				星期五			
		1、2	3、4	5、6	7、8	1、2	3、4	5、6	7、8	1、2	3、4	5、6	7、8	1、2	3、4	5、6	7、8	1、2	3、4	5、6	7、8
01	昔浦旋																				
02	陈露																				
03	储孟廷																				
04	董玛莉																				
05	殷玉芳																				
06	范晓娜																				
07	范瑶瑶																				
08	付文玉																				
09	高朝																				
10	龚峨秀																				
11	顾思琦																				
12	郭洁																				
13	郭丽羽																				
14	何玉玲																				
15	黄致爽																				
16	江足玲																				
17	姜婷																				
18	康为																				
19	兰小洁																				
20	李玲																				
21	李梦婷																				
22	李明																				
23	李雪娇																				
24	李鸿																				
25	李云仙																				
26	刘玲																				

机电工程系 2010 级机电(2)平时成绩记载表

从第 1 周到第 18 周

学号	姓名	第1次	第2次	第3次	第4次	第5次	第6次	第7次	第8次	第9次	第10次	第11次	第12次	第13次	第14次	第15次
201000101	昔浦旋															
201000102	陈露															
201000103	储孟廷															
201000104	董玛莉															
201000105	殷玉芳															
201000106	范晓娜															
201000107	范瑶瑶															
201000108	付文玉															
201000109	高朝															
201000110	龚峨秀															
201000111	顾思琦															
201000112	郭洁															
201000113	郭丽羽															
201000114	何玉玲															
201000115	黄致爽															
201000116	江足玲															
201000117	姜婷															
201000118	康为															
201000119	兰小洁															
201000120	李玲															
201000121	李梦婷															
201000122	李明															
201000123	李雪娇															
201000124	李鸿															
201000125	李云仙															
201000126	刘玲															

图 4.9　学生考勤情况记录表样本

案例二　制作学生成绩表

【案例介绍】

阶段考试了,大家的成绩如何呢? 同比与环比有哪些变化呢? 让我们来制作一张成绩表,例如图 4.10 所示的成绩统计表,让各项指标一目了然吧!

成绩统计表

课程	大学英语	计算机基础	思想道德修养	体育	机械制图	工程材料
最高分	91	93	95	92	90	95
最低分	49	45	50	48	56	63
平均分	73.8	73.7	75.6	75.4	76.8	77.9
应考人数	29	29	29	29	29	29
实考人数	28	29	29	27	29	29
缺考人数	1	0	0	2	0	0
90-100分	2	2	3	2	1	2
80-89分	8	7	7	9	10	11
70-79分	8	6	9	4	10	8
60-69分	5	11	8	11	7	8
0-59分	5	3	2	1	1	0
及格率	82.1%	89.7%	93.1%	96.3%	96.6%	100.0%
优秀率	7.1%	6.9%	10.3%	7.4%	3.4%	6.9%

图 4.10　成绩统计表

【案例分析】

除了正确快速地输入数据之外,为了更便捷地找到我们需要了解的信息,需要对数据进行一些处理,比如函数运算等。此案例涉及的知识点包括:

(1) 正确快速地输入不同格式的数据;

(2) 插入行、列及单元格;

(3) 快速填充单元格;

(4) 对指定单元格进行函数运算。

【操作步骤】

步骤 1：打开工作簿。

打开前面制作的"学生信息表"工作簿，新建"成绩"工作表。

步骤 2：合并单元格。

选中 A1 和 A2 单元格，单击鼠标右键，弹出如图 4.11 所示的浮动工具栏。

图 4.11 浮动工具栏

在浮动工具栏中选择"合并单元格"按钮 ，用同样的方法操作 B1、B2 以及 H1、H2 单元格，并输入相应文本数据。完成后的表格如图 4.12 所示。

	A	B	C	D	E	F	G	H
1	学号	姓名	科目					平均分
2			大学英语	计算机基础	思想道德修养	体育	机械制图	
3								
4								

图 4.12 合并单元格后的表格

步骤 3：插入列。

选定 H 列并单击右键，在弹出的快捷菜单中选择"插入"，即可为数据表添加一列，在 H2 单元格中输入"工程材料"，如图 4.13 所示。

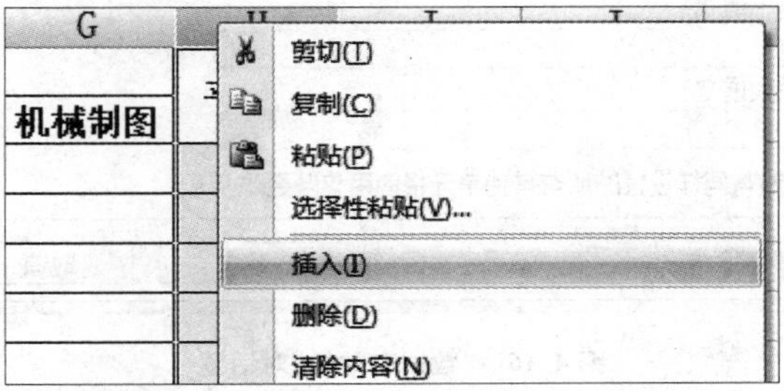

图 4.13 插入列

然后将 C1 至 H1 合并单元格。完成后的表格如图 4.14 所示。

	A	B	C	D	E	F	G	H	I
1	学号	姓名	科目						平均分
2			大学英语	计算机基础	思想道德修养	体育	机械制图	工程材料	
3									
4									

图 4.14 合并单元格后的表格

步骤 4：设置数据有效性并输入数据。

选中 C3 至 H34 单元格，在"数据"功能区的"数据工具"分组中单击"数据有效性"三角下拉按钮，在弹出的下拉列表中选择"数据有效性"，如图 4.15 所示。

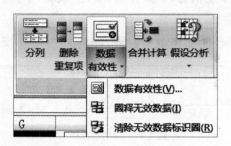

图 4.15　"数据有效性"下拉列表

在弹出的"数据有效性"对话框的"设置"选项卡中的"允许"下拉列表中选择"整数"，在"数据"下拉列表中选择"介于"，设置最小值为"0"，最大值为"100"，如图 4.16所示。

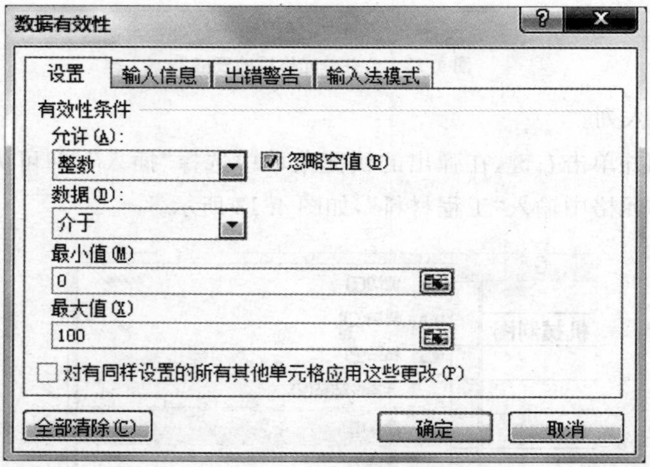

图 4.16　"数据有效性"对话框

设置完成后，输入各科成绩。

步骤 5：填充单元格。

按照案例一中填充学号的方法，在 A 列填充从 20103011001 至 20103011033 连续的学号。然后选定 B23，点击右键，执行快捷菜单中的"插入"命令。在弹出的"插入"对话框中选择"活动单元格下移"单选项，如图 4.17 所示。在插的单元格中输入"郝洪波"。

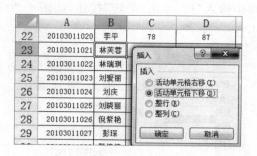

图 4.17 "插入"对话框

步骤 6：计算平均分。

选中 I3 单元格，单击"公式"功能区的"函数库"分组中的"自动求和"三角下拉按钮，在弹出的下拉列表中选择"平均值"选项，如图 4.18 所示。

图 4.18 "自动求和"下拉列表

在 I3 单元格中会出现相应公式（见图 4.19），然后按回车键即可。

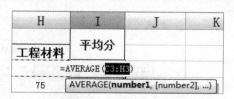

图 4.19 求平均值的公式

将鼠标移至选定的 H3 单元格右下方的填充柄，当鼠标指针变为黑色"＋"时，按下鼠标左键并拖动鼠标向下至 H35 单元格，其余学生的平均成绩就会自动计算完成。

步骤 7：设置平均分格式。

选定 I 列并单击右键，在快捷菜单中选择"设置单元格格式"选项。在弹出的"设置单元格格式"对话框的"数字"选项卡的"分类"列表框中选中"数值"，在右边的"小数位数"文本框中输入"1",单击"确定"按钮,如图 4.20 所示,则平均分将四舍五入只保留一位小数。

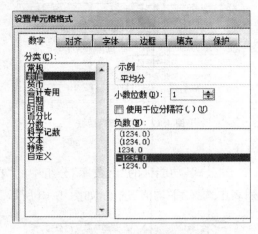

图 4.20　设置平均分格式

步骤 8:查找成绩为"0"的记录。

单击"开始"功能区的"编辑"分组中的"查找和选择"三角下拉按钮,在弹出的下拉列表中选择"查找",打开"查找和替换"对话框,在其中输入查找内容,单击"选项"按钮,设置搜索方式和搜索范围,单击"查找下一个"按钮,即可按指定要求查找,如图 4.21 所示。

图 4.21　"查找"选项卡

步骤 9:替换成绩"0"为空的记录。

单击"开始"功能区的"编辑"分组中的"查找和选择"三角下拉按钮,在弹出的下拉列表中选择"替换",打开"查找和替换"对话框,在其中输入查找内容和替换内容,若只替换当前单元格则单击"替换"按钮,若替换全部,则单击"全部替换"按钮,如图 4.22 所示。

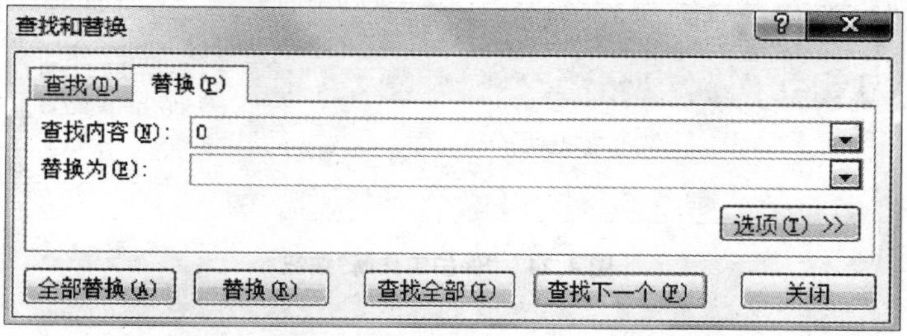

图 4.22 "替换"选项卡

步骤 10：冻结标题。

处理数据量很大的工作表时需保持行、列标题或一部分内容总是在屏幕上可见。单击要冻结的范围下边一行的一列，单击"视图"功能区的"窗口"分组中的"冻结窗格"三角下拉按钮，在弹出的下拉列表中选择"冻结拆分窗格"，如图 4.23 所示。工作表中该行上侧划出一条，线上边的行在屏幕上固定不动，下面的行则可上下滚动。

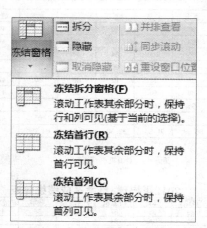

图 4.23 "冻结窗格"下拉列表

步骤 11：保存文件。

保存文件，将工作簿命名为"成绩表"。

对于有重要信息的工作簿，若不想被其他人随意查看和修改，可以通过"审阅"功能区的"更改"分组中的"保护工作簿"按钮来设置密码对该工作簿进行保护，以限制其他人的查看和修改，如图 4.24 所示。

图 4.24　"保护工作簿"按钮

拓展应用　对学生成绩表进行条件筛选

用计算机管理学生成绩的主要目的是为了统计、排序、查询和打印的方便。本应用制作学生成绩统计表,有以下几点要求:计算学生成绩总分并按总分的成绩进行排序;计算单科成绩的平均分,平均成绩保留两位小数;设置条件筛选,效果如图 4.25所示。

	A	B	C	D	E	F	G	H
1				2012级护理3班考试成绩统计表				
2	姓名	英语	体育	计算机	护理基础	数学	总分	名次
3	刘成	95	98	80	86	88	447	1
4	杨阳	89	95	87	82	88	441	2
5	王楠	86	100	84	83	87	440	3
6	王鹏辉	78	85	90	79	95	427	4
7	张英杰	82	91	82	89	80	424	5
8	朱晓宇	89	98	70	82	79	418	6
9	高月梅	96	83	75	87	76	417	7
10	周新明	76	82	91	81	85	415	8
11	平均分	86.38	91.50	82.38	83.63	84.75		
12								
13								
14			英语	计算机	数学			
15			>85	>80	>80			
16								
17				2012级护理3班考试成绩统计表				
18	姓名	英语	体育	计算机	护理基础	数学	总分	名次
19	杨阳	89	95	87	82	88	441	2
20	王楠	86	100	84	83	87	440	3
21	平均分	86.38	91.50	82.38	83.63	84.75		
22								
23								

Sheet1　Sheet2　Sheet3

图 4.25　学生成绩统计表样本

案例三　成绩表的美化与打印

【案例介绍】

成绩公布了,需要打印出来张贴在班级布告栏里,我们需要把表格美化一下,又该如何做呢?

【案例分析】

给表格加上边框和底纹,对优秀的成绩进行突出显示,让表格适应纸张大小等等设置都是美化的范围。些案例涉及的知识点包括:

(1)边框和底纹的设置;

(2)打印纸张的设置;

(3)表格整体效果的美化。

【操作步骤】

任务一:设置打印纸张

步骤1:打开工作簿。

打开前面做好的"学生成绩表"工作簿。

步骤2:设置打印纸张。

在"页面布局"功能区的"页面设置"分组中,可对页边距、纸张方向、纸张大小等进行设置,如图 4.26 所示。

图 4.26　"页面布局"功能区的"页面设置"分组

(1)单击"纸张大小"三角下拉按钮,在弹出的下拉列表中选择"A4"选项,如图 4.27所示。

图 4.27　"纸张大小"下拉列表

（2）单击"纸张方向"三角下拉按钮，在弹出的下拉列表中选择"纵向"。

（3）单击"页边距"三角下拉按钮，在弹出的下拉列表中选择"自定义边距(A)…"，在弹出的"页面设置"对话框中设置页边距为上下左右各"1"厘米，居中方式为"水平""垂直"居中，如图 4.28 所示。

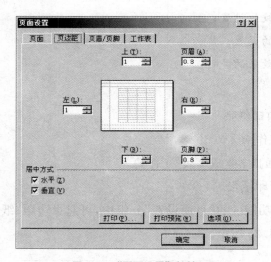

图 4.28　"页面设置"对话框

步骤 3：设置边框。

拖曳鼠标选中欲设置边框的区域，单击"开始"功能区的"字体"分组中的"边框"三角下拉按钮，如图 4.29 所示。

可在下拉列表中选择边框样式，也可单击"其他边框"选项，在弹出的"设置单元格格式"对话框的"边框"选项卡中设置边框线条样式及颜色等，如图 4.30、图 4.31 所示。

图 4.29　"边框"三角下拉按钮

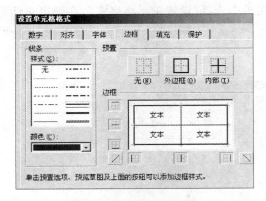

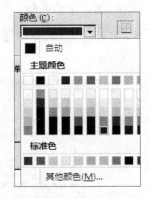

图 4.30　"边框"选项卡　　　　　　　图 4.31　"颜色"下拉面板

步骤 4:设置单元格填充色。

（1）选中 A、B、D、F、H 列的 1—36 单元格,单击"开始"功能区的"字体"分组中的"填充颜色"三角下拉按钮,在下拉面板中选择"橄榄色,强调文字颜色 3,淡色 60％",如图 4.32 所示。

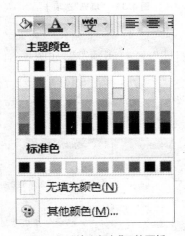

图 4.32　"填充颜色"下拉面板

（2）选中 C、E、G、I 列的 1—36 单元格,设置填充颜色为"橄榄色,强调文字颜色 3,淡色 40％"。

（3）选中 A1—I2 单元格以及 A36—I36 单元格,设置填充颜色为"橄榄色,强调文字颜色 3"。

步骤 5:设置单元格底纹。

利用案例二中涉及的查找功能,找出成绩为"0"的单元格,将单元格文字设为红色、粗体，然后单击右键，在快捷菜单中选择"设置单元格格式"，在弹出对话框中选择"填充"选项卡，设置图案颜色为"橙色"，图案样式为"细 逆对角线 条纹"，如图4.33所示。

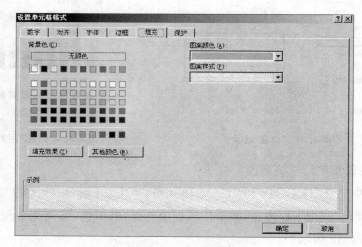

图 4.33　"填充"选项卡

步骤 6：进行打印预览。

单击"Office"按钮→"打印"→"打印预览"，如图 4.34 所示。

图 4.34　进行打印预览

通过打印预览发现表格缩在纸张中间，不美观，此时选中 1—36 行，单击"开始"功能区的"单元格"分组中的"格式"三角下拉按钮，在弹出的下拉列表中选择"行高"，设置行高为 22，如图 4.35 所示。

图 4.35　设置单元格行高

步骤 7: 打印工作表。

设置完成并进行打印预览后,即可通过如图 4.34 所示的菜单选择"打印"了。

拓展应用　制作艺术性作息表和课程表

应用今天所学的知识制作一份艺术性的作息表和课程表,如图 4.36 所示。

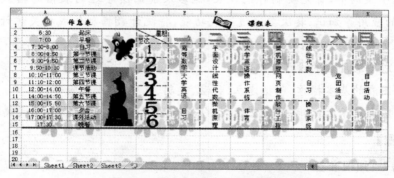

图 4.36　艺术性作息表和课程表样本

案例四　数据形象化——图表的应用

【案例介绍】

通常为更好掌握学生成绩情况,教师会对数据进行统计,比如最高分与最低分、成绩段分布、及格率及优秀率等。那么如何更加形象、直观地反映这些数据呢? 在 Excel 2007 中,可以利用图表功能方便地制作统计图。

【案例分析】

在这个案例中,首先要制作统计表,这涉及前面所学过的表格的格式化及公式、函数的应用等知识;其次要通过图表功能,将统计数据制作成相关统计图。此案例涉及的知识点包括:

(1) 成绩统计表的设计与制作;

(2) 图表的基本操作(包括建立、移动、复制、改变大小、删除等);

(3) 图表元素的编辑(自定义图表,包括类型选择、各部分美化、格式编辑等)。

【操作步骤】

任务一:知识准备

步骤 1:理解图表概念。

图表是数值的可视化表示。制作图表前,必须要有数据,创建图表后还可以改变图表类型、格式,也可以添加和改变数据系列。

步骤 2:认识图表元素。

各图表元素如图 4.37 所示。

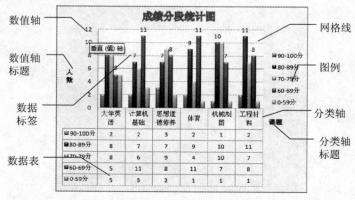

图 4.37　图表元素

任务二：制作成绩统计表

步骤：根据前面所学的操作方法，制作成绩统计表，要求表中数据用公式和函数求得，如图 4.38 所示。

	B11			f_x	=COUNTIF(成绩表!C3:C31,">=70")-B10-B9	
	A	B	C	D	E	F	G
1	成绩统计表						
2	课程	大学英语	计算机基础	思想道德修养	体育	机械制图	工程材料
3	最高分	91	93	95	92	90	95
4	最低分	49	45	50	48	56	63
5	平均分	73.8	73.7	75.6	75.4	76.8	77.9
6	应考人数	29	29	29	29	29	29
7	实考人数	28	29	29	27	29	29
8	缺考人数	1	0	0	2	0	0
9	90~100分	2	2	3	2	1	2
10	80~89分	8	7	7	9	10	11
11	70~79分	8	6	9	4	10	8
12	60~69分	5	11	8	11	7	8
13	0~59分	5	3	2	1	1	0
14	及格率	82.1%	89.7%	93.1%	96.3%	96.6%	100.0%
15	优秀率	7.1%	6.9%	10.3%	7.4%	3.4%	6.9%

图 4.38 成绩统计表

> **学习提示：**其中要用到的函数有：Max、Min、Count、CountA、CountIF等，在公式中应注意单元格的引用，表格样式为单元格样式中的"汇总"。

任务三：制作成绩分段统计图

步骤1：选择数据区域（数据源）。

在上表中，按住"Ctrl"键，选择 A2:G2 和 A9:G13 这两个非连续区域。

选择的数据区域应包括诸如标签、行和列标题等内容。数据区域形成图表的行和列，也叫数据系列。图表生成后，可根据需要对数据系列进行添加、删除和调整。

具体做法是：

（1）在图表上单击右键，在快捷菜单中选择"选择数据"，打开"选择数据源"对话框。也可通过"图表工具"，打开"设计"选项卡，单击"数据"分组中的"选择数据"按钮，也可打开相应对话框，如图 4.39 所示。

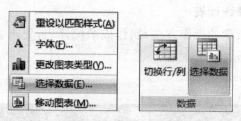

图 4.39　两种方法打开"选择数据源"对话框

（2）在"选择数据源"对话框中，可对图表数据区域、图例项及水平（分类）轴标签进行添加、删除和编辑等操作，如图 4.40 所示。

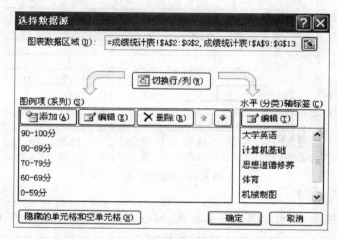

图 4.40　"选择数据源"对话框

步骤 2：选择图表类型。

单击"插入"功能区的"图表"分组中的"柱形图"三角下拉按钮，选择下拉列表中的第一个"簇状柱形图"，如图 4.41 所示。

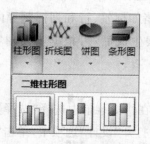

图 4.41　选择图表类型

> **学习提示:**更改图表类型　可以单击"图表工具"→"设计"功能区的"类型"分组中的"更改图表类型"按钮,打开"更改图表类型"对话框,在对话框中选择新的图表类型。

步骤 3:生成如图 4.42 所示简单图表。

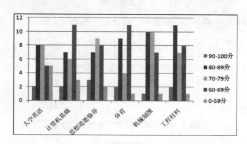

图 4.42　生成的简单图表

步骤 4:调整和修饰。

可以看出,生成的简单图表显然没有图 4.37 所示的案例图表那样多的元素,而且不是很美观,这就需要进行修饰。

图 4.43　"图表工具"→"设计"功能区

(1)调整布局。

单击生成的图表,出现如图 4.43 所示的"图表工具"→"设计"功能区,其中有"图表布局"分组。

单击"图表布局"分组中的"其他"按钮,打开布局库,在其中选择"布局 5",生成有数据表的图表。

(2)更改样式。

在"设计"功能区的"图表样式"分组中单击"其他"按钮,打开样式库,选择"样式 26",产生如图 4.44 所示的效果。

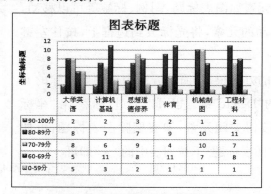

	大学英语	计算机基础	思想道德修养	体育	机械制图	工程材料
90-100分	2	2	3	2	1	2
80-89分	8	7	7	9	10	11
70-79分	8	6	9	4	10	8
60-69分	5	11	8	11	7	8
0-59分	5	3	2	1	1	1

图 4.44　更改样式后的图表效果

（3）添加图表元素。

在"图表工具"→"布局"功能区的"标签"和"坐标轴"分组中，可以向图表添加新元素（如图表标题、图例、数据标签、网格线、数据表、坐标轴等），通过单击下拉列表进行选择即可，如图 4.45 所示。

图 4.45　"标答"和"坐标轴"分组

添加相关元素后，图表制作完成，如图 4.46 所示。

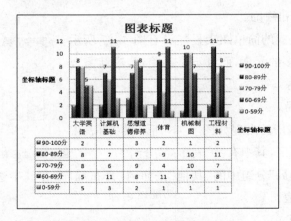

图 4.46　添加图表元素后的图表效果

（4）移动和删除图表元素。

图表中的某些元素如图表标题、图例、标签等可以移动，只要单击选中要移动的元素，将光标放到边框上，按住左键拖动即可。

删除图表元素的方法很多，简单方法为选中要删除的元素，然后按键盘上的"Delete"键。也可以通过"标签"和"坐标轴"分组中的相应按钮关闭元素，如要删除图表标题，可如图 4.47 所示，选择"图表标题"下拉列表中的"无"即可。

图 4.47　"图表标题"下拉列表

（5）编辑和修饰图表元素。

· 编辑元素

选中要编辑内容的元素，如图表标题、数据标签、图例文字等，在文字上单击左键，删除原来内容，输入新内容即可。

· 修饰元素

在 Excel 中，可以通过设置图表元素格式的方法，达到制作个性化图表、美化图表的目的。

设置图表元素格式最简单的方法是在元素上单击右键，在快捷菜单中选择相应的选项来设置格式。如右键单击图表标题，选择快捷菜单中的"设置图表标题格式"，可打开相应对话框。通过对话框可对元素的边框颜色及样式、填充、阴影、三维格式、对齐方式等进行统一设置，如图 4.48 所示。

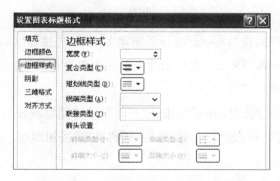

图 4.48　"设置图表标题格式"对话框

也可通过"图表工具"→"格式"功能区中的"形状样式"分组对元素的单个格式进行分别设置。还可通过"艺术字样式"分组对文字进行修饰，如图 4.49 所示。

图 4.49　"形状样式"和"艺术字样式"分组

通过以上操作，最后形成如图 4.37 所示的"成绩分段统计图"样式。

任务四：图表的其他操作

本任务包括一些常见的图表修改操作。

> **学习提示**：修改图表及图表元素前，应先单击图表或某元素，将其激活，然后进行修改操作。

（1）移动图表和调整图表大小。

可通过鼠标移动图表和调整图表大小。在图表上按住左键，然后移动鼠标，即可移动图表。将鼠标指针移到图表边框上的 8 个控制柄上，指针会变成双箭头，此时按住左键并移动鼠标，即可调整图表大小。

（2）复制图表。

先选中图表，再单击"开始"功能区的"剪贴板"分组中的"复制"按钮（或按"Ctrl＋C"快捷键），然后单击目标位置，选择"开始"功能区的"剪贴板"分组中的"粘贴"按钮（或按"Ctrl＋V"快捷键）即可。

（3）删除图表。

先选中图表，然后按"Delete"键。要删除多个，可先按住"Ctrl"键，再依次单击多个图表，然后按一次"Delete"键可删除全部选中图表。

（4）打印图表。

先选中图表，再单击"Office"按钮→"打印"→"打印"（或按"Ctrl＋P"快捷键），打开"打印内容"对话框，进行相应设置后单击"确定"按钮即可。通常打印前，可先进行打印预览。

拓展应用　制作各科成绩的分析图表

（1）制作"各科成绩最高、最高及平均分统计"图表，如图 4.50 所示。

（2）制作"各科及格率及优秀率统计"图表，如图 4.51 所示。

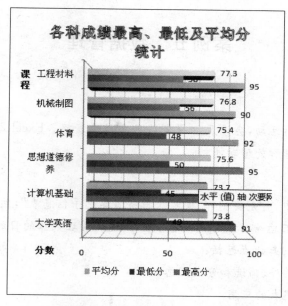

图 4.50 "各种成绩最高、最低及平均分统计"图表

图 4.51 "各科及格率及优秀率统计"图表

案例五　数据管理

【案例介绍】

学校经常举行活动,会涉及如报名信息之类的表格。Excel 2007 为我们提供了丰富的数据管理和处理功能。

【案例分析】

在这个案例中,首先要制作"校园歌曲演唱赛选手信息表",然后通过 Excel 的排序、筛选、分类汇总等功能对数据进行处理,达到管理数据的目的,也可制作透视表。此案例涉及的知识点包括:

(1) 数据的排序、筛选和分类汇总;

(2) 数据透视表的应用。

【操作步骤】

任务一:制作工作表

步骤:制作"校园歌曲演唱赛选手信息表",填写相关数据,如图 4.52 所示。

\multicolumn{8}{c}{校园歌曲演唱赛选手信息表}
编号	姓名	性别	年龄	唱法	职业	联系方式	选送单位
1	马丽	女	24	美声	教师	12345678	公基部
2	刘绪艳	女	32	流行	教师	85741569	医护系
3	付建丽	女	34	流行	工人	13554587632	后勤公司
4	魏翠香	女	20	民族	学生	45678912	建工系
5	赵晓英	女	27	流行	处室	13678123963	学工处
6	刘宝娜	女	19	流行	学生	85274196	旅游系
7	郑会锋	男	18	美声	学生	96385274	机电系
8	申永琴	女	28	民族	教师	98415826	信息系
9	许宏伟	男	22	美声	教师	98745639	机电系
10	张琪	女	32	流行	工人	96857459	后勤公司
11	李彦宾	男	17	民族	学生	87945612	医护系
12	洪峰	男	35	流行	处室	13984717155	团委
13	卞永辉	男	20	流行	学生	13994578284	信息系

图 4.52　校园歌曲演唱赛选手信息表

任务二:数据的排序

数据排序是以某列数据为标准,改变行或记录的顺序。

在此任务中,要求对该表,先按"唱法",再按"年龄",最后按"编号"进行三重排序。

图 4.53　单击"排序"按钮

（注意：在进行操作前，单击数据区任一单元格。）

步骤 1：打开"排序"对话框。

在"数据"功能区的"排序和筛选"分组中单击"排序"按钮，如图 4.53 所示，打开"排序"对话框。

步骤 2：设置"排序"对话框。

（1）设置主要关键字。

在"主要关键字"下拉列表中选择"唱法"，次序默认为"升序"，如图 4.54 所示。

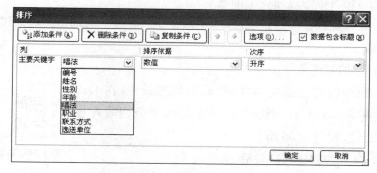

图 4.54　设置主要关键字

（2）设置次要关键字。

单击对话框中的"添加条件"按钮，出现"次要关键字"选项，以上述方法设置"年龄"为次要关键字。

再以同样方法继续设置"编号"为第三关键字，如图 4.55 所示。

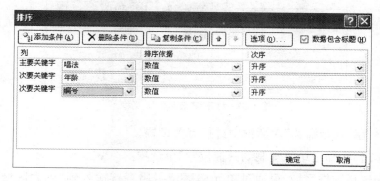

图 4.55　设置次要关键字

步骤 3：完成排序。

最后单击"确定"按钮,完成排序操作。

> 🔔学习提示:可在"排序"对话框中设置"排序依据"和"次序",也可通过"删除条件"按钮删除设置好的关键字。另外,可通过单击 $\overset{A}{Z}\downarrow$ 和 $\overset{Z}{A}\downarrow$ 两个按钮进行简单重排序操作。

任务三:数据筛选

Excel 的筛选功能可以从视图中选出符合条件的记录,并移出不符合的记录(不是删除了,仍可以通过命令全部显示)。

此任务要求筛选出"流行"唱法中,年龄在"30"岁以下的选手。可通过"高级筛选"功能完成。

步骤 1: 添加筛选条件。

在工作表中选定任意空白区域,输入筛选条件:在 D17、D18 中分别输入"年龄"和"唱法";在 D17、D18 中分别输入"<=30"和"流行",如图 4.56 所示。

年龄	唱法
<=30	流行

图 4.56　添加筛选条件

步骤 2: 打开"高级筛选"对话框。

在"数据"功能区的"排序和筛选"分组中,单击"高级"按钮,打开"高级筛选"对话框,如图 4.57 所示。

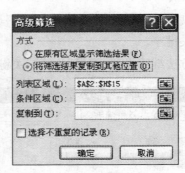

图 4.57　打开"高级筛选"对话框

步骤 3: 在"高级筛选"对话框中进行有关设置。

(1)单击"将筛选结果复制到其他位置"单选项。

(2)先选择数据区域,可通过单元格区域引用直接输入到"列表区域"文本框来指定要筛选的数据区域,也可通过单击后面的" "按钮在表中选取。

(3)再按同样方法在"条件区域"文本框中设置筛选条件。

（4）最后，在"复制到"文本框中设置结果存放区域。

步骤 4：完成筛选。

以上设置完成后，单击"确定"按钮，即可看到筛选结果，如图 4.58 所示。

20	编号	姓名	性别	年龄	唱法	职业	联系方式	选送单位
21	5	赵晓英	女	27	流行	处室	13678123963	学工处
22	6	刘宝娜	女	19	流行	学生	85274196	旅游系
23	13	卞永辉	男	20	流行	学生	13994578284	信息系

图 4.58 筛选结果

以上任务还可以通过"自动筛选"功能实现：

（1）单击数据区域任意单元格。

（2）单击"数据"功能区的"排序和筛选"分组中的"筛选"按钮。

（3）此时在数据表的每一列标题旁边出现一个下拉箭头，如图 4.59 所示。

	校园歌曲演唱赛选手信息表							
1								
2	编▼	姓名▼	性5▼	年龄▼	唱清▼	职业▼	联系方式▼	选送单位▼
3	1	马丽	女	24	美声	教师	12345678	公基部
4	2	刘绪艳	女	32	流行	教师	85741569	医护系

图 4.59 表中出现了下拉箭头

（4）单击"唱法"旁边的下拉箭头，打开设置面板，去掉"全选"复选框前面的勾，选中"流行"复选框，单击"确定"按钮，筛选出"流行"唱法的选手。

（5）再单击"年龄"旁边的下拉箭头，打开设置面板，单击"数字筛选"子菜单中的"小于"，打开相应对话框，如图 4.60 所示。

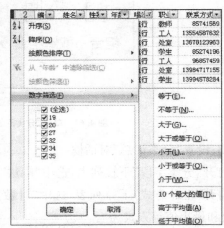

图 4.60 设置筛选条件

（6）在"自定义自动筛选方式"对话框中输入"30"，单击"确定"按钮即可。如图 4.61 所示。

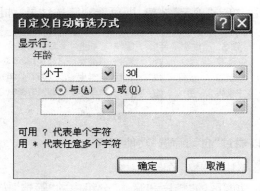

图 4.61　"自定义自动筛选方式"对话框

任务四：数据分类汇总

在数据管理中，时常会对某一类别数据进行汇总统计操作，这就需要用到 Excel 的分类汇总功能。分类汇总是在 Excel 中对数据进行分析统计时非常有用的一个工具。

此任务要求统计每种唱法的人数。具体步骤为：

步骤 1：对数据表按"唱法"进行排序。

步骤 2：单击"数据"功能区的"分级显示"分组中的"分类汇总"按钮，打开"分类汇总"对话框，如图 4.62 所示。

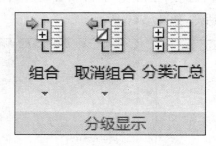

图 4.62　单击"分类汇总"按钮

步骤 3：设置"分类汇总"对话框。

（1）打开"分类字段"下拉列表，选中"唱法"。

（2）打开"汇总方式"下拉列表，选中"计数"，根据要求还可以选择求和、求平均值、最大和最小值等方式。

（3）设置"选定汇总项"，在本任务中单击"职业"复选框，也可多选。

（4）最后，单击"确定"按钮，完成设置，如图 4.63 所示。

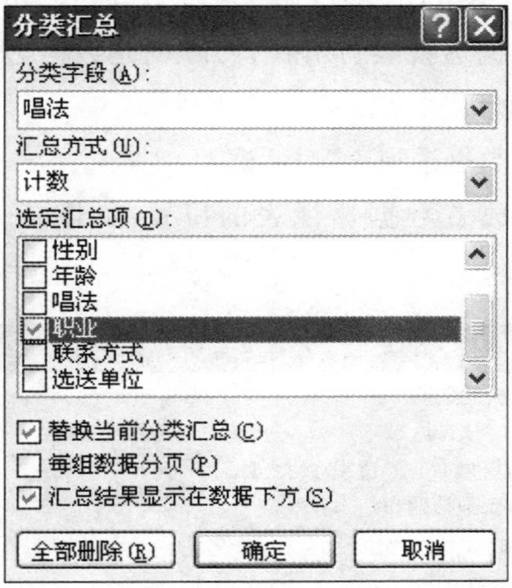

图 4.63　设置"分类汇总"对话框

步骤 4：显示分类汇总结果。

经过操作后，在数据左侧会出现分级列表，单击"＋"号会将选中的某类数据折叠，只显示汇总结果，"＋"号会变成"－"号。如果单击"－"号则可将数据展开，"－"号会变成"＋"号，如此转换，如图 4.64 所示。

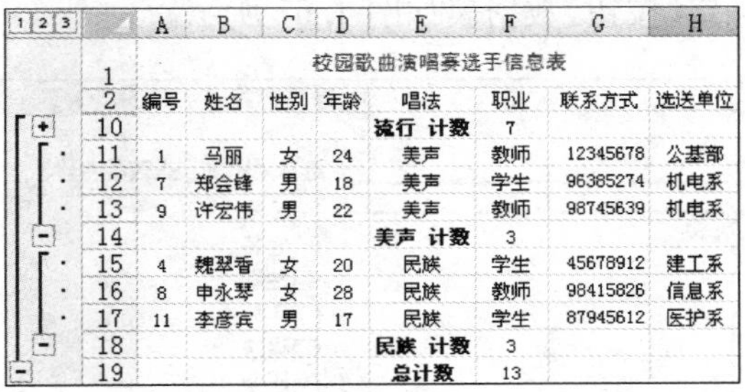

图 4.64　分类汇总结果

任务五：数据透视表的应用

Excel 2007 的数据透视是一种可以快速汇总大量数据的交互式方法。使用数据透视表可以深入分析数值数据。

本任务要求制作按"性别"和按"唱法"进行二重分类汇总的数据透视表。

步骤 1: 创建数据透视表。

在有数据的区域内单击任一单元格,再单击"插入"功能区的"表"分组中的"数据透视表"按钮,打开"创建数据透视表"对话框,如图 4.65 所示。

步骤 2: 设置"创建数据透视表"对话框。

设置数据区域和放置数据透视表的位置,如图 4.66 所示。

图 4.65　单击"数据透视表"按钮

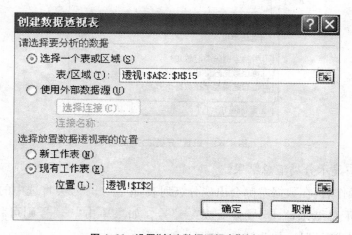

图 4.66　设置"创建数据透视表"按钮

完成后单击"确定"按钮,数据表如图 4.67 所示。

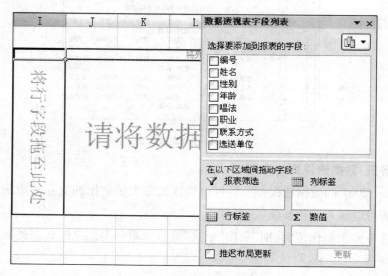

图 4.67　"数据透视表字段列表"窗格

步骤 3：向透视表添加统计字段。

在"数据透视表字段列表"窗格中分别将"性别"和"唱法"拖到表中"将行字段拖至此处"处，或拖至"行标签"列表框中，如图 4.68 所示。

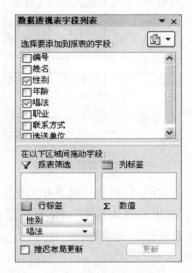

图 4.68　添加统计字段

步骤 4：向透视表添加值字段。

在"数据透视表字段列表"窗格中将"姓名"拖到表中"请将数据拖至此处"处，或拖至"数值"列表框中，如图 4.69 所示。

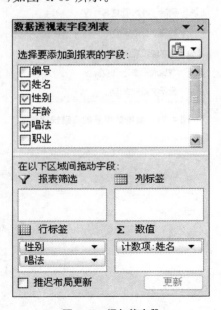

图 4.69　添加值字段

步骤 5: 最后形成按"性别"和"唱法"分类汇总的数据透视表,如图 4.70 所示。

计数项:姓名		
性别 ▼	唱法 ▼	汇总
⊟男	流行	2
	美声	2
	民族	1
男 汇总		5
⊟女	流行	5
	美声	1
	民族	2
女 汇总		8
总计		13

图 4.70　数据透视表

　　在生成的透视表上单击右键,会出现快捷菜单,如图 4.71 所示。可以选择"数据透视表选项",在弹出的"数据透视表选项"对话框中进行有关设置。还可以设置值和字段、汇总依据、格式及删除有关项等。

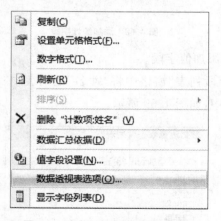

图 4.71　数据透视表的右键快捷菜单

模块五　演示文稿制作软件 **PowerPoint 2007**

演示文稿制作软件 PowerPoint 2007 是微软公司办公自动化软件 Office 家族中的一款,用 PowerPoint 2007 可以轻松地将用户的想法变成极具专业风范和富有感染力的演示文稿,并通过计算机屏幕或者投影机播放。它主要用于设计制作广告宣传、产品演示、多媒体教学、会议汇报、辅助演讲等,还可以在互联网上召开面对面会议、远程会议或给观众展示演示文稿内容。

模块目标

【能力目标】

通过本模块的学习,能够制作精美的用于广告宣传、会议汇报、演讲辅助的演示文稿。

【知识目标】

(1) 掌握 PowerPoint 2007 的基本操作;

(2) 掌握演示文稿中幻灯片的添加、删除和复制等操作;

(3) 掌握幻灯片模板、版式、母版的相关操作;

(4) 掌握幻灯片中对象(包括图片、图示、文本框、影片和声音等)的插入与调整;

(5) 掌握幻灯片动画效果(包括幻灯片切换动画和对象的自定义动画)的添加;

(6) 掌握演示文稿的放映、保存、打印和打包等操作。

案例目录

案例一　送给朋友的新年祝福贺卡

【案例介绍】

在 2012 年新年即将到来之际，为了表达我们对朋友的思念和祝福之情，现制作以新年祝福为主题的演示文稿，并通过电子邮件发送给我们的朋友，如图 5.1。

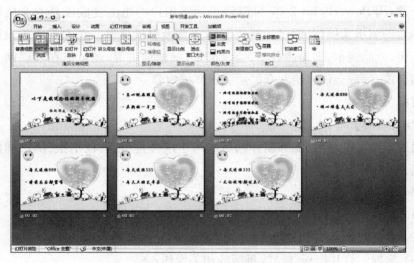

图 5.1　"新年祝福"演示文稿

【案例分析】

PowerPoint 2007 可以制作很精美的宣传用演示文稿，但是本案例只要求制作一个简单的演示文稿文件，要求演示文稿由 7 张以上的幻灯片组成，这几张幻灯片中的每一张放一些祝福文字和一张小图片，幻灯片之间的切换有动画效果，每一张幻灯片里面的文字还有从左上角一个字接着一个字地往下掉的动画效果。要求演示文稿能自动循环播放，幻灯片每 2 秒自动切换。

【操作步骤】

任务一：素材准备

步骤：装有 PowerPoint 2007 的多媒体电脑一台、一张背景图片、两张动画图片。

任务二:建立演示文稿文件并保存

步骤 1:运行 PowerPoint 2007,系统会自动建立一个文件名为"演示文稿 1"的演示文稿文件,这时的演示文稿中只有一张幻灯片,如图 5.2 所示。

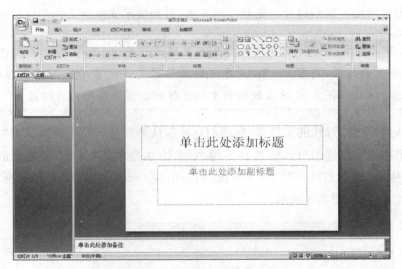

图 5.2　新建演示文稿窗口

🔔**学习提示:**前面我们学习了文字处理软件 Word 2007 和电子表格处理软件 Excel 2007 的启动,PowerPoint 2007 的启动方法也有三种:一是双击桌面的快捷启动图标;二是单击"开始"→"程序"→"Microsoft Office"→"Microsoft PowerPoint 2007";三是打开已经创建的 PowerPoint 2007 文件的同时启动了 PowerPoint 2007。

步骤 2:单击"Office"按钮"⊞",执行"另存为"→"PowerPoint 演示文稿"命令。在弹出的"另存为"对话框中选择演示文稿将要存储的位置并输入文件名,然后单击"保存"按钮即可保存文件。

🔔**学习提示:**大家要养成保存文件的习惯,开始工作时,把文件以合适的文件名保存到合适文件夹或其他位置,在工作过程中,每过一段时间单击窗口顶部附近的"保存"按钮" 💾 "或按下"Ctrl+S"快捷键随时快速保存演示文稿。

任务三:增加页面并格式化

步骤1:增加页面。

在"开始"功能区的"幻灯片"分组中点击"新建幻灯片"按钮,就可以在当前幻灯片后面再增加一张幻灯片。重复操作6次,直到演示文稿由7张幻灯片组成。

> **💡学习提示:**前面我们学习的用文字处理软件 Word 2007 建立的文件由若干个页面组成,用 Excel 2007 建立的工作簿文件由若干张工作表组成,而用 PowerPoint 2007 建立的演示文稿文件则由若干张幻灯片组成。

默认第一张幻灯片的主题是"标题幻灯片",从第二张开始主题默认是"标题和内容",也可以在创建幻灯片时选择其他主题,方法是单击"开始"功能区的"幻灯片"分组中的"新建幻灯片"三角下拉按钮,会出现 Office 主题库,显示了所有可用的幻灯片布局,如图5.3所示。

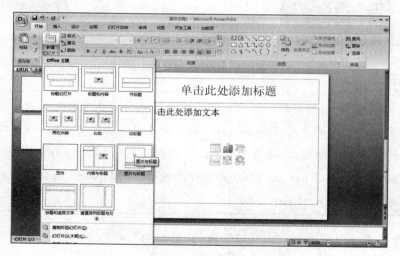

图5.3　Office 主题库

步骤2:将我们喜欢的图片添加为幻灯片的背景。

在"设计"功能区的"背景"分组中点击右下角的小箭头,可以打开"设置背景格式"对话框,如图5.4所示。选择"填充"→"图片或纹理填充",点击"文件"按钮,在打开的"插入图片"对话框中选择准备好的背景图片,然后在图5.4中点击"全部应用"按钮,将此背景应用到所有的幻灯片。最后点击"关闭"按钮,完成设置背景。

步骤3:在各张幻灯片中输入文字。

从标题幻灯片开始依次输入各张幻灯片中的文字。通过在左侧的"幻灯片"面

图 5.4　"设置背景格式"对话框

板中点击相应幻灯片可以在不同的幻灯片之间切换。

> 💡 **学习提示**：演示文稿中幻灯片的选择、复制、粘贴、删除和移动位置等操作都可以通过窗口左侧的"幻灯片"面板实现，直接在面板中单击可以选择不同的幻灯片（如果要选择多张幻灯片，在按住"Ctrl"键以后再单击要选择的多张幻灯片即可）；复制、粘贴和删除操作直接在选择了要操作的幻灯片后点击鼠标右键，在弹出的快捷菜单中选择相应的命令即可；要移动幻灯片的位置，点击鼠标左键选中要移动的幻灯片并在面板中拖到相应位置即可。

　　每张幻灯片上都有输入文字的占位符，例如图 5.3 中的"单击此处添加标题"和"单击此处添加文本"，直接将鼠标定位到相应的占位符，此时原来的占位符提示文字自动消失，输入新的文字即可。每张幻灯片要输入的文字如下：

　　第一张：以下是我送给你的新年祝福；你的朋友：豆豆；

　　第二张：衷心祝愿朋友；在新的一年里；

　　第三张：所有的期待都能出现；所有的梦想都能实现；所有的希望都能如愿；所有的努力都能成功；

第四张：每天送你 888；顺心顺意天天发；

第五张：每天送你 999；前前后后都富有；

第六张：每天送你 555；每天上班不辛苦；

第七张：每天送你 333；无论做啥都过关！

> 📢 **学习提示**：当要输入的文字比较多而要换行时直接按回车键即可，这时输入的每行文字自动添加了项目符号，如果要修改项目符号样式，选中这几行文字以后在"开始"功能区的"段落"分组中单击"项目符号"三角下拉按钮，在出现的下拉列表中选择其他项目符号样式即可。

步骤 4：选择主题的字体。

在"设计"功能区的"主题"分组中点击"字体"三角下拉按钮，在出现的下拉列表中选择"行云流水"字体主题。

步骤 5：设置字体和段落格式。

（1）选中第一张幻灯片中的文字"以下是我送给你的新年祝福"，在"开始"功能区的"字体"分组中点击"字体颜色"三角下拉按钮，在出现的下拉列表中选择合适的字体颜色。以同样的方法设置其他各张幻灯片中文字的颜色。

（2）选中第二张幻灯片中的两行文字，单击"开始"功能区的"段落"分组右下角的箭头，在弹出的"段落"对话框中，将行距设成"双倍行距"，如图 5.5 所示。以同样的方法设置其他各张幻灯片中文字的行距。

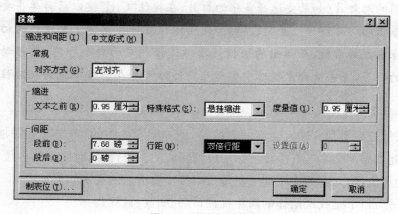

图 5.5 　"段落"对话框

任务四：让我们的幻灯片动起来

步骤 1：设置幻灯片的切换动画。

在"动画"功能区的"切换到此幻灯片"分组中单击"其他"按钮,在打开的幻灯片"切换效果"面板中选择"盒状展开",如图 5.6 所示,并点击"全部应用"按钮将此效果应用到所有的幻灯片切换。

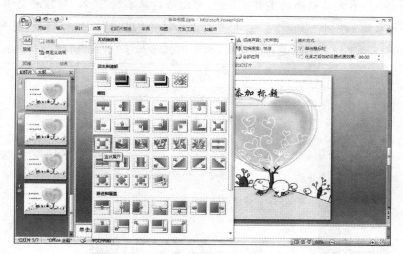

图 5.6 幻灯片"切换方案"面板

步骤 2:设置幻灯片的自动切换。

这时候若放映我们的演示文稿,只有单击鼠标才可以看到后面的幻灯片,这是因为从当前幻灯片到下一张幻灯片的换片方式默认为"单击鼠标时",我们能不能将幻灯片的换片方式设置成每过几秒钟自动换到下一张呢? 当然能,方法是:将"动画"功能区的"切换到此幻灯片"分组中的"在此之后自动设置动画效果"复选框选中,输入间隔时间"00:02",然后点击"全部应用"按钮,就可以每过 2 秒钟切换到下一个动画或者幻灯片。

> 🔔 **说明:**幻灯片的切换方案和换片方式可以每一张都不相同,在本案例中,为了风格统一,通过点击"全部应用"按钮把 7 张幻灯片的切换效果都设置成了"盒状展开",把 7 张幻灯片的换片方式都设置成"单击鼠标时"或者"每过 2 秒自动换片",如果想将每一张幻灯片的切换设置成不一样的效果,只需要单击相应的切换效果而不单击"全部应用"按钮就可以了。

步骤 3:设置文字的自定义动画。

单击"动画"功能区的"动画"分组中的"自定义动画"按钮,就会在窗口的右侧打开一个"自定义动画"窗格,如图 5.7 所示。选中第一张幻灯片的文字"以下是我送给你的新年祝福",选择"添加效果"→"进入"→"飞入"即可,默认给这些文字添加了"从底部飞入"的效果。

> 🔔 **说明:** 自定义动画的类型有 4 种,可以给对象添加"进入"时候的动画,可以给对象添加一个"强调"动画,也可以添加一个"退出"时候的动画,还可以添加一个按照指定路径运动的动画,本案例只添加了"进入"时候的动画。

图 5.7　"自定义动画"窗格

> 🔔 **说明:** 演示文稿中有两种效果的动画,一种是从一张幻灯片到另外一张幻灯片过渡的幻灯片切换动画,另一种是一张幻灯片中的各个对象(文字、艺术字、图片等等)的自定义动画。

步骤 4: 修改文字的自定义动画。

在"自定义动画"窗格中修改"飞入"动画的开始时间为"之后",方向为"自左上部",速度为"中速"。本案例中的文字还要求有一个字接着一个字地往下掉的效果,可以在"自定义动画"窗格中选择刚才的动画,点击鼠标右键,在快捷菜单中选择"效果选项",在打开的"飞入"对话框中,将动画文本设成"按字/词"发送,延迟设成"20%",单击"确定"按钮,如图 5.8 所示。以相同的方法设置副标题文字的动画效果。

步骤 5: 通过幻灯片母版简化操作。

其他各张幻灯片中文字的动画效果可以按照步骤 4 中的方法来设置,但是由

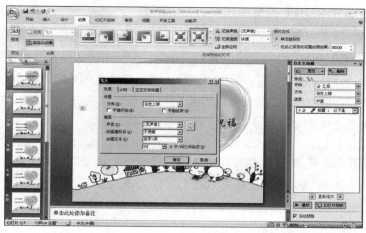

图 5.8　"飞入"对话框

于其他各张幻灯片中的文字跟第二张中的文字有相同的动画效果,所以通过 Pow-
erPoint 提供的"母版"功能,可以达到事半功倍的效果。

> 说明:PowerPoint 2007 提供了 7 种不同的幻灯片视图,每一种视图都
> 有其独特的作用,其中的"幻灯片母版"视图用于统一演示文稿的风格,也
> 就是说,在"幻灯片母版"中的字体、段落格式、配色方案、动画方案,添加的
> 日期、页脚和页码,插入的艺术字、图片等等设置,只需要在母版中设置一
> 次,所有幻灯片中都会有相同的设置。

(1) 单击"视图"功能区的"演示文稿视图"分组中的"幻灯片母版"按钮,在"幻灯片
母版"视图下,选中"标题和内容"幻灯片母版,然后选择内容占位符,如图 5.9 所示。

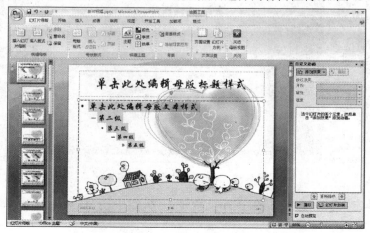

图 5.9　在幻灯片母版中选择文字

（2）在"自定义动画"窗格中选择"进入"时候的"飞入"效果,修改"飞入"动画为:"之后"开始,方向为"自左上部",速度为"中速"。在出现的动画上点击鼠标右键,在快捷菜单中选择"效果选项",在打开的"飞入"对话框中,将动画文本设成"按字/词"发送,延迟设成"20％",单击"确定"按钮。单击"关闭母版视图"按钮,单击"幻灯片放映"功能区的"开始放映幻灯片"分组中的"从头开始"按钮,初步观看我们制作的演示文稿。

> 🔔 说明：说明:演示文稿放映方法有三种:一是选择"幻灯片放映"功能区的"从头开始"命令;二是按功能键"F5";三是点击窗口右下角视图切换区的"幻灯片放映"视图按钮。前两种方法是从第一张幻灯片开始放映,最后一种方法是从当前幻灯片开始放映。

任务五:在幻灯片中插入动画

本案例中,除标题以外的幻灯片中还有两张动画图片,因为各张幻灯片的动画图片相同,所以可以通过"幻灯片母版"简化我们的操作。

（1）单击"视图"功能区的"演示文稿视图"分组中的"幻灯片母版"按钮,在打开的"幻灯片母版"视图下,选中"标题和内容"幻灯片母版,然后单击"插入"功能区的"插图"分组中的"图片"按钮,在弹出的"插入图片"对话框中选择准备好的两张动画图片,将两张图片调整到合适的位置,如图 5.10 所示。

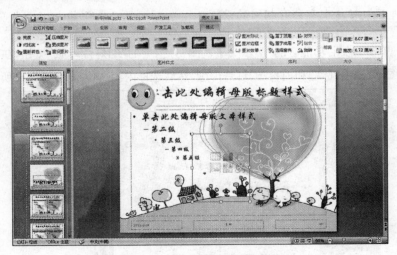

图 5.10　通过幻灯片母版插入图片

（2）单击"视图"功能区的"演示文稿视图"分组中的"普通视图"按钮,关闭"幻灯片母版"视图,这时我们发现除标题幻灯片外的所有幻灯片都有了动画图片,如图 5.11 所示。

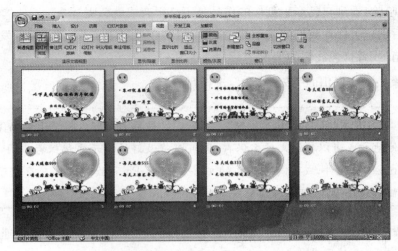

图 5.11　除标题幻灯片的所有幻灯片有相同动画图片

任务六:设置演示文稿的循环放映

单击"幻灯片放映"功能区的"设置"分组中的"设置幻灯片放映"按钮,在打开的"设置放映方式"对话框中,选中"循环放映,按 ESC 键终止"复选框,如图 5.12 所示,点击"确定"按钮。

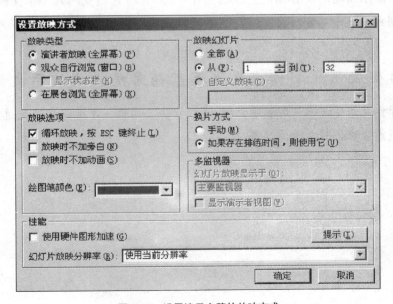

图 5.12　设置演示文稿的放映方式

任务七:保存、打印、发送或发布我们的演示文稿

放映我们的演示文稿,一份精美、富有动感、充满感情的电子贺卡展现在我们的眼前,哈哈,看到自己亲手创作的作品是不是很有成就感呢?

最后别忘了保存我们的演示文稿,也可以现在就打印演示文稿,或者发送到朋友的邮箱,或者打包我们的贺卡。

步骤 1: 单击"Office"按钮"🔲",选择"保存"。

> 🖫 **学习提示:** 单击"Office"按钮"🔲",选择"另存为",可以将演示文稿保存到其他地方或者以其他文件名保存,也可以将做好的演示文稿保存成"Pow-erPoint 放映"文件,或者其他格式的文件。PowerPoint 放映文件只存储了演示文稿的放映模式,可以在没有安装 PowerPoint 的计算机上放映。

步骤 2: 单击"Office"按钮 "🔲",选择"打印",可以按照默认设置快速打印演示文稿也可以进行打印设置。

步骤 3: 单击"Office"按钮 "🔲",选择"发送",可以将制作好的演示文稿以电子邮件或者传真方式通过网络进行发送。

步骤 4: 单击"Office"按钮 "🔲",选择"发布"→"CD 数据包",可以将演示文稿文件以及演示所需的所有其他文件捆绑在一起,并将它们复制到一个文件夹中或直接复制到 CD 中。如果将文件复制到文件夹中,可以在以后将该文件夹刻录到CD 上。

拓展应用　制作东风汽车厂销售统计用演示文稿

假如你是东风汽车厂的销售总管,现在要将公司第一季度销售情况进行汇报,请制作一份会议汇报用演示文稿。

案例二 制作毕业纪念电子相册

【案例介绍】

亲爱的同学们，虽然这一学期只是我们步入大学殿堂的第一年，但是时间就如白驹过隙，转眼间，我们就会面临大学毕业，现在就让我们一起学习制作毕业纪念相册，让我们在分别多年后还能够记得这一段岁月，记得其中的爱与痛、酸与甜，记得我们曾经那么年轻，记得有一种生活叫做大学。

图 5.13 毕业纪念电子相册

【案例分析】

PowerPoint 2007 可以制作有声有色的电子相册，本案例只要求制作一个简单的电子相册，要求演示文稿由若干张幻灯片组成，每张幻灯片放置一张照片，照片下面有相应的描述和说明文字。演示文稿设置成播放到最后一张幻灯片后停止，幻灯片切换有动画效果，整个演示文稿在播放过程中要有背景音乐。

【操作步骤】

任务一：素材准备

步骤：装有 Office 2007 的多媒体电脑一台、大学时候的照片若干张、背景音乐《那些花儿》。

任务二：建立演示文稿文件，导入照片

步骤 1：打开 PowerPoint 2007，系统会自动建立一个文件名为"演示文稿 1"的演示文稿文件，如图 5.14 所示。

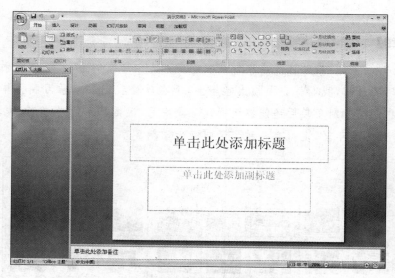

图 5.14　新建演示文稿窗口

步骤 2：单击"插入"功能区的"插图"分组中的"相册"按钮，系统弹出"相册"对话框，如图 5.15 所示。

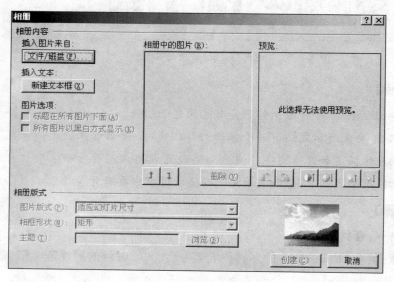

图 5.15　"相册"对话框

步骤3:在"相册"对话框中单击"文件/磁盘"按钮,弹出"插入新图片"对话框,如图 5.16 所示,在此窗口中选择存放照片的文件夹,然后选中需要的照片,单击"插入"按钮,如图 5.17 所示。

图 5.16 "插入新图片"对话框

图 5.17 选择需要的图片

步骤4:刚才插入的照片自动出现在"相册"对话框中的"预览"区域,然后在"相册"对话框中将图片版式设为"1 张图片",相框形状设为"简单框架,白色",并且选中"标题在所有图片下面"复选框,如图 5.18 所示,点击"创建"按钮,我们刚才选择的照片就出现在演示文稿中了,并且一张幻灯片放置一张照片,如图 5.19 所示。

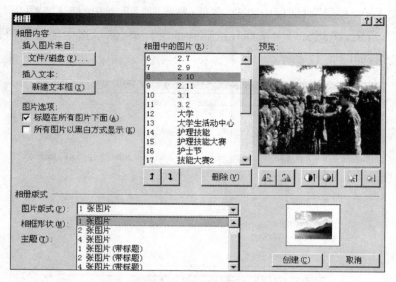

图 5.18　设置相册版式

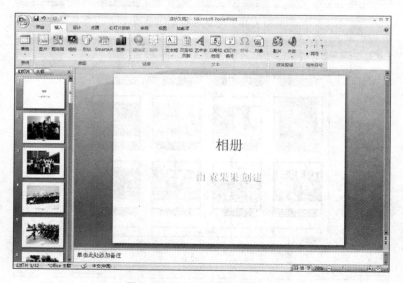

图 5.19　插入了相册的演示文稿

任务三:保存文件

单击"Office"按钮 "🔳",选择"另存为"→"PowerPoint 演示文稿",在弹出的"另存为"对话框中选择文件要保存的位置,输入文件名"毕业纪念相册",点击"保存"按钮,这时演示文稿文件的标题栏中部自动显示文件的名字为"毕业纪念相册.pptx"。

学习提示:前面我们讲过,大家要养成在开始工作之前就保存文件的习惯,但是创建相册是个例外,因为即使我们在刚开始保存了文件,然而一旦插入相片,系统就会自动产生一个新的文件,所以在这一案例中,我们要先插入相片,然后再保存文件。

任务四:调整幻灯片的位置,输入相片描述和说明

步骤1:刚才导入演示文稿的照片的顺序可能不合我们的要求,在窗口左侧的"幻灯片"面板中,拖动各张幻灯片到合适的位置。

步骤2:在每一张幻灯片中输入标题和副标题文字,如图5.20所示,然后在其他各张幻灯片中照片的下面输入照片描述和说明文字,如图5.21所示。

图5.20 在幻灯片中输入标题和副标题文字

图5.21 在照片的下面输入描述和说明文字

步骤 3：选中第一张照片下面的文字，将其字体设置为：20 号字、加粗、红色、隶书。以同样的方法将其他各张幻灯片中照片下面的文字也设置成该字体。

> 📖 **学习提示：**前面大家学习的文字处理软件 Word 和电子表格处理软件 Excel 中有格式刷工具，在 PowerPoint 中也有格式刷工具，大家只需要将第一张幻灯片中的文字格式通过格式刷刷到其他各张幻灯片中就可以了。

任务五：给演示文稿添加设计主题，并输入结束语

步骤 1：在"设计"功能区的"主题"分组中单击"跋涉"主题，这时我们的各张幻灯片就都添加了该主题，如图 5.22 所示。

图 5.22　给幻灯片添加主题

步骤 2：选择最后一张幻灯片，然后在"开始"功能区的"幻灯片"分组中单击"新建幻灯片"三角下拉按钮，在下拉列表中选择"标题和内容"版式，如图 5.23 所示，即可在演示文稿的最后插入了一张新的幻灯片。

步骤 3：在最后一张幻灯片的标题位置输入"结束语"，在内容的位置输入其他文字，并将文字的字体设置成 32 号字、加粗、红色、隶书，添加菱形的项目符号。如图 5.24 所示。

任务六：让我们的照片动起来

步骤 1：设置幻灯片切换动画。

在"动画"功能区的"切换到此幻灯片"分组中选择幻灯片切换效果为"新闻快报"（"擦除"里面的最后一个），点击"全部应用"按钮，将此动画效果应用到演示文稿的所有幻灯片切换。

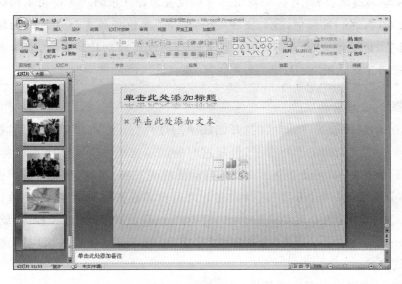

图 5.23 插入新的幻灯片

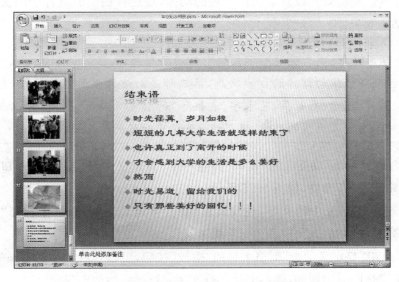

图 5.24 在新幻灯片中输入文字并设置格式

> 💡 **学习提示:** 幻灯片的切换动画可以设置为每一张幻灯片使用不同的动画效果,在这一案例中,我们点击"全部应用"按钮将所有幻灯片的切换都使用了"新闻快报"效果。还可以设置切换的速度和切换的声音,在本案例中,采用了默认的"快速"和"无声音"切换。

步骤 2: 设置自动播放。

单击"幻灯片放映"功能区的"开始放映幻灯片"分组中的"从头开始"按钮,就可以初步欣赏我们的电子相册了,但是这时的演示文稿要不断地点击鼠标才可以继续往下面播放,如何设置演示文稿的自动播放呢? 在"动画"功能区的"切换到此幻灯片"分组中的"换片方式"区,将"在此之后自动设置动画效果"复选框选中,在其后的文本框中输入自动切换的时间"00:03",这样放映时,经过 3 秒钟,就自动切换到下一张幻灯片了。点击"全部应用"按钮,可以将自动切换效果应用到所有幻灯片的切换。

步骤 3: 设置自定义动画效果。

刚才我们给幻灯片设置了切换时候的动画,现在我们给幻灯片中的文字添加自定义动画效果。

> 💡 **学习提示:** 前文说过演示文稿中的动画有两种,第一种是从一张幻灯片过渡到下一张幻灯片的切换动画,第二种是幻灯片里面各种对象(包括文字、图片、图示、剪贴画、艺术字、表格等)的自定义动画。幻灯片里面的对象可以有进入时候的动画、强调动画和退出时候的动画三种。

(1)点击"动画"功能区的"动画"分组中的"自定义动画"按钮,在窗口右侧打开了"自定义动画"窗格,如图 5.25 所示。

(2)选中幻灯片中的文字,在窗口右侧的"自定义动画"窗格中选择"添加效果"下拉列表中的"进入"→"颜色打字机"效果,如图 5.26 所示。

(3)点击"自定义动画"窗格下部的"播放"按钮,可以观看文字的动画效果,但是 7 行文字是同时出现的,能不能让 7 行文字一行接一行地出现呢?

在"自定义动画"窗格的"修改:颜色打字机"区,选中第一行文字,将开始时间设成"之后",以同样的方法将其他各行文字的开始时间也修改成"之后",并将速度修改成"非常快"。这样 7 行文字就一行接着一行地打印到屏幕上了。

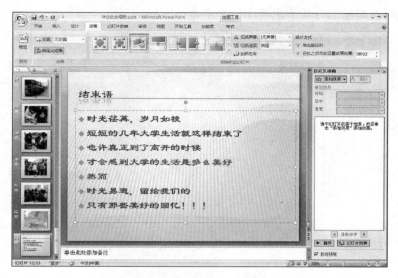

图 5.25　"自定义动画"窗格

图 5.26　选择"进入"时候的"颜色打字机"效果

任务七:给演示文稿设置背景音乐

步骤 1:插入准备好的音乐文件。

在"插入"功能区的"媒体剪辑"分组中点击"声音"按钮,这时自动弹出一个"插入声音"对话框,如图 5.27 所示,选择我们已经准备好的声音文件后点击"确定"按钮。在弹出的"Microsoft Office PowerPoint"对话框中单击"自动"按钮,如图 5.28

所示,此时在当前幻灯片上出现了一个小喇叭图标。

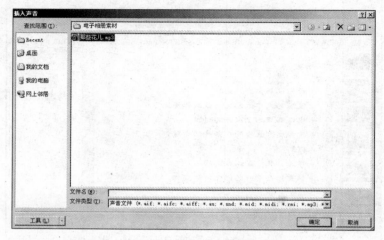

图 5.27 "插入声音"对话框

图 5.28 "Microsoft Office PowerPoint"对话框

⚲**学习提示**:在图 5.28 中,单击"自动"按钮,插入的声音将在放映演示文稿时自动开始播放;单击"在单击时"按钮,则插入的声音必须在放映幻灯片时单击鼠标后才可以播放。

步骤 2:设置放映时隐藏声音图标。

点击标题栏中的"声音工具"→"选项"→"声音选项",选中"放映时隐藏"和"循环播放,直到停止"复选框,然后点击"幻灯片放映"→"开放放映幻灯片"→"从头开始",观看效果。

> 🔔 **学习提示**：选中"放映时隐藏"复选框，是因为幻灯片中插入的声音在放映演示文稿时默认显示小喇叭图标；选中"循环播放，直到停止"复选框，是因为声音在点击鼠标时会自动停止，选中此复选框则可以循环播放声音（多用于声音比较短时），直到点击鼠标。

步骤 3：将声音设置成背景音乐。

刚才在幻灯片中添加的音乐，默认只能在当前幻灯片中播放，切换到第二张幻灯片后就没有声音了，能不能把此音乐设置成演示文稿的背景音乐呢？

单击"动画"功能区的"动画"分组中的"自定义动画"按钮，在窗口右侧出现一个"自定义动画"窗格，单击音乐文件右侧的下拉箭头，在下拉列表中选择"效果选项"，这时会打开"播放 声音"对话框，声音默认设置为单击时停止播放，选择"停止播放"选项区的"在 xx 张幻灯片后"单选项，输入音乐要停止的幻灯片编号，在此案例中，我们设置成最后一张幻灯片，所以输入"32"。如图 5.29 所示。

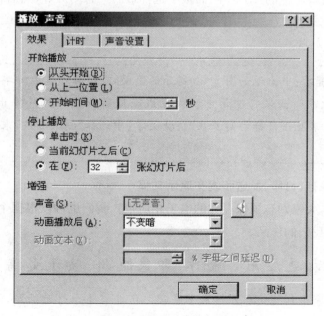

图 5.29 "播放 声音"对话框

任务八：设置演示文稿播放时在最后一张幻灯片停止

放映我们制作的演示文稿，一个图文并茂、有声有色的电子相册展现在我们眼前，但是当演示文稿播放到最后一张幻灯片时，就自动黑屏了，如图 5.30 所示。

图 5.30　幻灯片播放完毕后出现的黑屏界面

　　如何让演示文稿播放到最后一张幻灯片时停止而不是出现烦人的黑屏呢？解决方法是：在窗口左侧的"幻灯片"面板中选择最后一张幻灯片，然后在"动画"功能区的"切换到此幻灯片"分组中，将"在此之后自动设置动画效果：00：03"复选框取消选中。

> 🔔 **学习提示：** 当出现如图 5.30 所示的画面，在屏幕任意地方单击鼠标就可以结束放映。如果将演示文稿设置成在最后一张幻灯片停止，可以按"ESC"键或者点击鼠标右键并在"快捷菜单"中选择"结束放映"来结束放映模式。

　　任务九：保存、打印、发送和发布演示文稿

　　大功告成，大家别忘了保存你的电子相册哦！我们也可以根据个人需要打印、发送或者发布我们的作品。

拓展应用　制作"印象随州"演示文稿

　　转眼间大家来到随州职业技术学院学习已经有 4 个月时间了，随州作为你的第二故乡，你了解它吗？现在就让我们制作一份介绍随州的演示文稿吧。

案例三　神奇的九寨沟

【案例介绍】

如果你是导游,一开始给游客朋友介绍所要游览的景点时,可以考虑采用多媒体演示文稿,通过图文并茂的幻灯片,这样既简单明了,又赏心悦目,令游客们如亲临其境,还能增加游客们的知识。我们就一起制作九寨沟旅游景点的简介演示文稿吧!

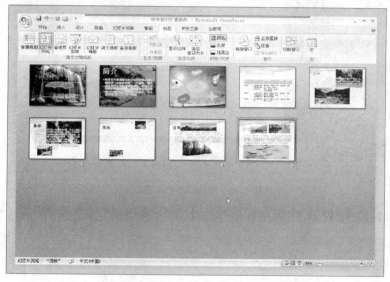

图 5.31　九寨沟旅游景点的简介演示文稿

【案例分析】

PowerPoint 2007 可以制作很精美的宣传用演示文稿,本案例要求制作一个简单的演示文稿文件,要求演示文稿由 9 张以上的幻灯片组成,这 9 张幻灯片有文字说明、艺术字标题、自选图形及设置特殊效果;插入表格与各景点的图片;使用图片背景;设置幻灯片之间的切换动画效果;添加背景音乐;设置幻灯片中的对象的动画效果;演示文稿自动循环播放,幻灯片每 5 秒钟自动切换。

【操作步骤】

任务一:素材准备

步骤 1:网上搜索有关九寨沟旅游景点的各种图片。

步骤2：准备关于九寨沟旅游景点的相关介绍。

任务二：运行 PowerPoint 2007 和保存演示文稿文件

步骤1：启动 PowerPoint 2007，系统会自动建立一个文件名为"演示文稿1"的演示文稿文件，这时的演示文稿中只有一张幻灯片，如图5.32所示。

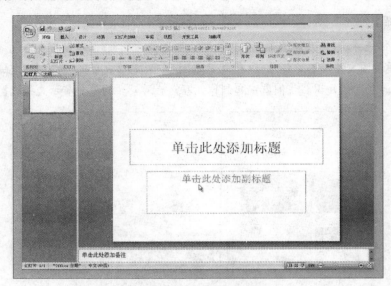

图 5.32 新建演示文稿窗口

步骤2：使用"保存"工具按钮保存文件为"九寨沟旅游景点简介.pptx"。

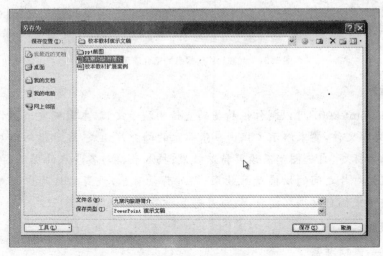

图 5.33 "另存为"对话框

任务三：幻灯片文本编辑及文本格式设置

步骤 1：设置版式。

在窗口左侧的"幻灯片"面板中右键单击幻灯片，选择弹出快捷菜单中的"版式"子菜单下的"标题幻灯片"版式，如图 5.34 所示。

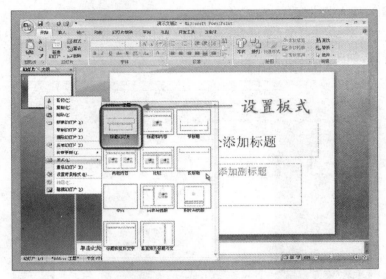

图 5.34　选择版式

步骤 2：在第一张幻灯片中输入标题文本："神话世界"九寨沟，副标题文本：人间仙境。

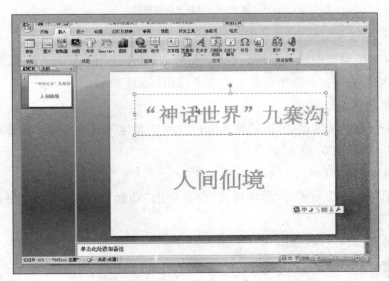

图 5.35　在第一张幻灯片中输入文本

步骤3:设置幻灯片的文本格式。

选中要设置格式的文本,右键单击弹出格式浮动工具栏,对文本的字体、字号、字形和颜色等格式进行设置。

任务四:艺术字的插入、编辑及美化

步骤1:插入艺术字。

单击"插入"功能区的"文本"分组中的"艺术字"按钮,在下拉面板中选择一种艺术字样式,如图5.36所示。

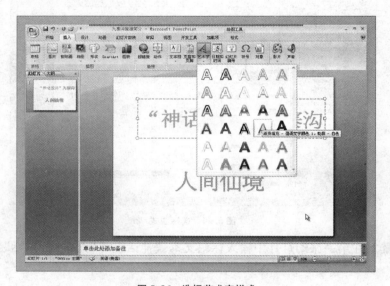

图5.36　选择艺术字样式

步骤2:输入文本。

在文本编辑框中输入:"神话世界"九寨沟,并单击"格式"→"艺术字样式"→"文本效果",在下拉面板中设置文本效果,如图5.37所示。

步骤3:选择形状。

点击"格式"功能区的"形状样式"分组中的"其他"按钮,在弹出的面板中选择艺术字形状,如图5.38所示。

步骤4:添加效果。

利用"格式"功能区的"形状样式"分组中的"功能"按钮设置艺术字的各种效果,如图5.39所示。

任务五:幻灯片的操作

步骤1:增加新幻灯片。

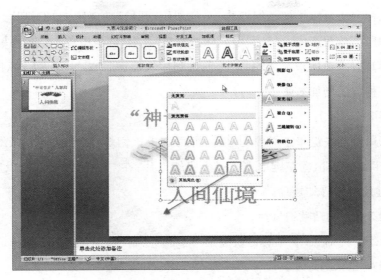

图 5.37　输入艺术字文本并设置效果

图 5.38　选择艺术字形状

图 5.39　"形状样式"分组的"功能"按钮

有三种方法可以增加新幻灯片,一是利用"开始"功能区的"幻灯片"分组中的"新建幻灯片"按钮产生;二是利用鼠标右键在"大纲"面板中单击,选择快捷菜单中的"新建幻灯片"选项来新建幻灯片;三是利用快捷键"Ctrl+M"新建幻灯片。使用上述各种方法增加 8 张新幻灯片。

步骤 2:选择幻灯片。

可以用鼠标左键单击对象幻灯片,即可选中该幻灯片;要选择多张幻灯片,可利用"Ctrl"键并以鼠标左键单击选择多张幻灯片;在"大纲"面板中可以用"Ctrl+A"快捷键选中所有幻灯片。

步骤 3:复制、粘贴幻灯片。

选中幻灯片对象,利用右键快捷菜单中的"复制"和"粘贴"选项即可。

步骤 4:删除幻灯片。

选中幻灯片对象,按键盘上的"Delete"键即可。

任务六:插入图形对象的操作

步骤 1:插入图形对象。

单击"插入"功能区的"插图"分组中的"形状"按钮,在下拉面板中选择合适的形状,然后在第三张幻灯片上按住鼠标左键拖动画出一个图形对象,如图 5.40 所示。

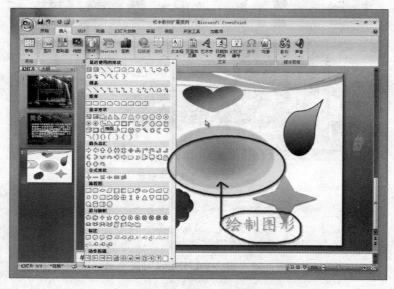

图 5.40　插入图形对象

步骤 2：在图形上编辑文字。

右键单击图形对象，选中快捷菜单中的"编辑文字"选项，编辑图形上的文字，如图 5.41 所示。

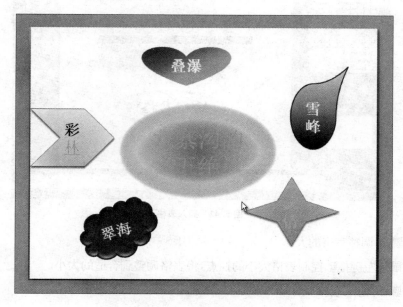

图 5.41　编辑图形文字

步骤 3：给图形设置格式。

设置文字的样式，设置图形的填充颜色，设置图形的形状效果。（此操作在前面任务中已经实践过，不再赘述。）

任务七：表格的操作

步骤 1：插入表格。

在"插入"功能区的"表格"分组中单击"表格"按钮，在弹出的"插入表格"面板中用鼠标拖动设置表格所需要行数和列数后单击左键，即可插入表格，如图 5.42 所示。

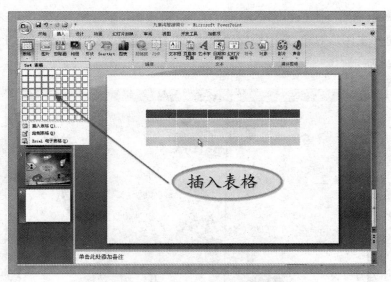

图 5.42　插入表格

步骤 2: 调整表格的大小。

以鼠标左键拖动控制表格大小的控点,将表格调整到合适的大小。

步骤 3: 输入表格文字。

按图 5.43 所示向表格中输入文字。

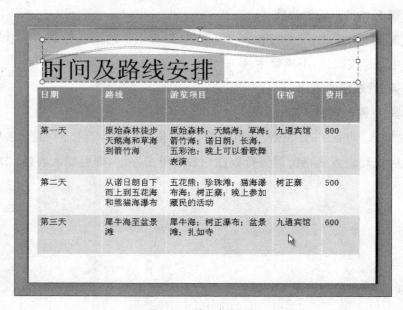

图 5.43　输入表格文字

步骤 4：设置表格的样式及格式。

点击"表格工具"选项卡，出现如图 5.44 所示的"设计"功能区。

图 5.44　"表格工具"选项卡的"设计"功能区

利用"设计"功能区的各个工具设置表格的样式、边框及其他格式。

任务八：美化幻灯片

步骤 1：给幻灯片添加背景图片。

单击"插入"功能区的"插图"分组中的"图片"按钮，在弹出的"插入图片"对话框中选择准备好的背景图片文件，单击"确定"按钮插入图片文件，把该图片文件图层设置为最底层即可。单击"设计"功能区的"背景"分组右下角的箭头，在弹出的"设置背景格式"对话框中，单击"填充"→"图片或纹理填充"→"文件"按钮，其余操作同上，为第 1 至第 3 张幻灯片设置不同的背景图片文件。如图 5.45 所示。

图 5.45　为幻灯片添加背景图片

> 💬 **说明**：幻灯片的模板和背景颜色可以每一张都不相同，在本案例中，为了风格统一，把7张幻灯片的模板都选择了 proposal 模板，7张幻灯片的背景颜色都应用了相同的颜色。如果想设置成不一样的模板和背景颜色，只需要在相应的窗口或者对话框中选择"应用于选定幻灯片"就可以了。

步骤2：设置背景颜色。

以步骤1中的方法打开"设置背景格式"对话框，如图5.46所示。

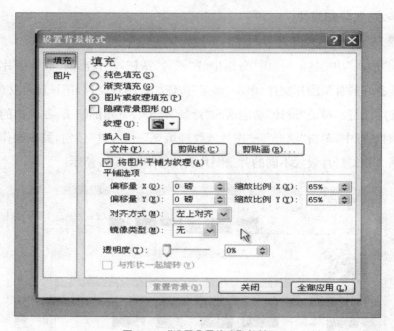

图5.46　"设置背景格式"对话框

可以设置背景的纯色填充，也可以设置渐变填充。在本案例中使用渐变填充设置第4至第9张幻灯片的背景颜色。

步骤3：设置主题。

单击"设计"功能区的"主题"分组中的"其他"按钮，弹出如图5.47所示的主题库，选中一种主题应用于所选幻灯片。

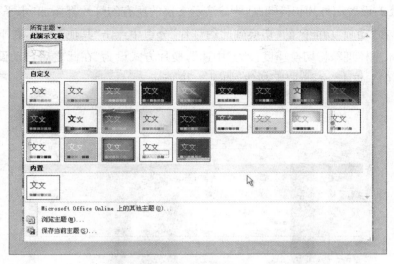

图 5.47 主题库

任务九:让幻灯片动起来

步骤 1:设置幻灯片的动画效果。

设置幻灯片上文字、图片、图形等对象的动画动作,方法是:选中要设置动画的对象,单击"动画"→"动画"→"自定义动画"按钮,在窗口右侧的"自定义动画"窗格中设置动画效果选项,设置开始动画的操作,设置动画速度及声音效果。如将第一张幻灯片中主标题的动画效果设置为"更改字号",速度设置为"中速",如图 5.48 所示。依次设置其他对象的动画效果。

图 5.48 设置动画效果

步骤2:设置幻灯片切换动画,为此演示文稿的所有幻灯片都添加"水平梳理"动画效果。在"动画"功能区的"切换到此幻灯片"分组中点击"其他"按钮,在下拉面板中选中"水平梳理",将切换速度设为"中速",换片方式设为"在此之后自动设置动画效果:00:01",点击"全部应用"按钮,如图5.49所示。

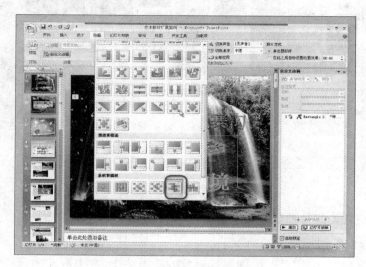

图5.49　设置幻灯片切换动画

最后就可以欣赏啦!单击"幻灯片放映"→"开始放映幻灯片"→"从头开始"按钮,可以初步欣赏我们制作的幻灯片了。

拓展应用　制作"记忆中的家乡"演示文稿

你对你自己的故乡很眷恋吧,现在就利用以上所学的知识,利用课余时间制作一份介绍你家乡的演示文稿。